计算机软件技术与开发设计研究

邵曰攀 著

北京工业大学出版社

图书在版编目（CIP）数据

计算机软件技术与开发设计研究 / 邵曰攀著 . — 北京 : 北京工业大学出版社， 2018.12（2021.5 重印）
ISBN 978-7-5639-6655-4

Ⅰ . ①计… Ⅱ . ①邵… Ⅲ . ①软件开发—研究 Ⅳ . ① TP311.52

中国版本图书馆 CIP 数据核字（2019）第 022898 号

计算机软件技术与开发设计研究

著　　者： 邵曰攀
责任编辑： 李俊焕
封面设计： 点墨轩阁
出版发行： 北京工业大学出版社
（北京市朝阳区平乐园 100 号　邮编：100124）
010-67391722（传真）　bgdcbs@sina.com
经销单位： 全国各地新华书店
承印单位： 三河市明华印务有限公司
开　　本： 787 毫米 ×1092 毫米　1/16
印　　张： 11.75
字　　数： 235 千字
版　　次： 2018 年 12 月第 1 版
印　　次： 2021 年 5 月第 2 次印刷
标准书号： ISBN 978-7-5639-6655-4
定　　价： 50.00 元

前　言

随着社会经济的发展，计算机软件开发技术作为计算机行业和网络信息时代发展的灵魂，也在不断地升级和创新，我国计算机软件在世界上也相应地取得了重大突破，计算机软件技术在社会生活各领域有了良性发展，也将发挥着不可替代的作用。在计算机网络信息技术愈加发达的未来，我国计算机软件开发技术也将在计算机领域超出世界先进水平。计算机软件开发是指利用软件系统来实现各种高级的功能，并且不同的软件也会具有不同的功能，可以满足不同人的需要。

全书共八章。第一章为绪论，主要阐述了计算机基础、计算机系统、多媒体技术及多媒体计算机等内容；第二章为计算机软件的相关概念界定，主要包含计算机软件概述、计算机软件的特性及分类、软件与程序、软件危机和软件工程以及软件标准和软件法规、软件许可证等内容；第三章为计算机软件技术现状与发展趋势，主要阐述了计算机软件技术的发展现状和计算机软件技术的发展趋势等内容；第四章为计算机操作系统及其功能，主要包含操作系统概述、进程管理与存储管理以及设备管理与文件管理等内容；第五章为计算机支撑软件与应用软件，主要阐述了支撑软件和应用软件的相关内容；第六章为计算机软件的开发流程分析，主要阐述了软件的开发计划阶段、软件的系统设计、软件的系统实现和软件的测试与维护等内容；第七章为计算机软件开发设计经验与技巧，主要阐述了软件工程过程中的经验与技巧、程序设计的经验与技巧以及程序员必须注意的安全技巧等内容；第八章为计算机软件开发设计的策略探讨，主要包含软件架构概述、软件架构设计概述、软件项目计划与管理和软件项目管理的流程设计等内容。

本书共八章，由云南工商学院邵曰攀撰写。为了确保研究内容的丰富性和多样性，在写作过程中笔者参考了大量理论与研究文献，在此向涉及的专家学者们表示衷心的感谢。

最后，由于作者水平有限，加之时间仓促，书中难免存在疏漏和不足之处，在此，恳请读者朋友批评指正。

目 录

第一章　绪　论

作为20世纪最重要的技术成果之一，计算机技术渗透在日常生活中的各个方面，成为各行各业专业技术人员不可或缺的必备工具。在计算机大幅度普及与计算机网络高度发展的今天，计算机的应用已经渗透到社会、生活的各个领域，有力地推动了信息社会的发展。

第一节　计算机基础

一、计算机的产生

世界上第一台电子计算机诞生于1946年，它的名字是电子数值积分计算机（Electronic Numerical Integrator And Computer，ENIAC）。1943年，为研究武器中复杂的数学计算问题，美国陆军弹道研究室把研制任务交给了美国宾夕法尼亚州立大学，物理学家莫奇利（John W. Mauchly）博士和埃克特（Presper Eckert）博士领导的研究小组设计制造了这台电子数值积分计算机。该机共使用了18 000多个电子管，1 500多只继电器，7 000多只电阻，重量超过30 t，占地170 m^2，每小时耗电150 kW，运算速度为5 000次/秒。该机于1946年正式通过验收并投入运行。电子数值积分计算机最主要的缺点是存储容量太小，基本上不能存储程序，只能依靠线路连接的方法，而且不具备计算机主要的工作原理特征——存储程序和程序控制。

第一台电子计算机出现后，美籍匈牙利数学家冯•诺依曼（Von Neuman）针对电子数值积分计算机在存储程序方面的弱点，提出了“存储程序控制”的通用计算机方案。该方案在两个方面进行了突出和关键性的改进——采用二进制和存储器，根据此原理设计的第一台计算机名叫离散变量自动电子计算机（Electronic Discrete Variable Automatic Computer，EDVAC）。从计算机的诞生至今已经历了半个多世纪，但其基本体系结构和基本作用机理仍然沿用冯•诺依曼的最初构想，所以现代的计算机也被称为冯•诺依曼型计算机。

世界上第一台投入运行的存储程序式电子计算机是电子延迟存储自动计算器（Electronic Delay Storage Automatic Calculator，EDSAC），它由英国剑桥大学的维尔克斯教授在接受了冯•诺依曼的存储程序思想后于 1947 年开始领导设计。该机于 1949 年 5 月制成并投入运行。

二、计算机的发展历程

自 1946 年第一台电子计算机问世以来，计算机科学与技术堪称迄今为止发展最快、应用面最广的一门学科。通常人们以计算机物理器件的革新为标志，把计算机的发展划分为四个重要阶段，即四代。

第一代（1946—1958 年）是电子管时代。计算机的主要逻辑元件是电子管，主存储器先采用延迟线后采用磁鼓磁芯，使用磁带作为外存储器。软件方面，用机器语言和汇编语言编写程序。第一代的特点是：计算机体积庞大运算速度低（每秒只有几千次到几万次）、成本高可靠性差，主要用于科学计算、军事和科研等方面的工作。

第二代（1959—1964 年）是晶体管时代。计算机的主要逻辑元件更新为晶体管，主存储器采用磁芯，使用磁带和磁盘作为外存储器。软件方面，开始使用管理程序，在后期出现了简单的操作系统，有了 FORTRAN、COBL 等高级程序设计语言。计算机应用由单纯的数值计算扩展到数据、事物处理等方面。计算机的整体性能有了较大的提高，运行速度可达每秒几十万次，体积大大缩小，在可靠性上也有较大的提高。

第三代（1965—1970 年）是集成电路时代。用中小规模集成电路取代分立元件，采用了半导体存储器，使用磁盘作为外存储器。软件方面，操作系统在规模与复杂性上日益完善，高级程序设计语言进一步完善和发展，出现了结构化和模块化的程序设计方法。计算机的运行速度也提高到每秒几十万次到几百万次，可靠性和存储容量进一步提高，外部设备种类繁多，计算机和通信密切结合起来，广泛地应用到科学计算、数据处理、事务管理、工业控制等领域。

第四代（1971 年以后）是大规模和超大规模集成电路时代。计算机的主要逻辑元件被大规模和超大规模集成电路取代，主存储器采用半导体存储器，外存储器采用大容量的软硬磁盘。软件方面，操作系统不断发展和完善，同时数据库技术通信软件也产生并得到了广泛的应用与发展。计算机的运行速度可达每秒上千万次到万亿次，计算机的存储容量可靠性又有了很大提高，功能也更加完备。计算机的性能与外设的更新速度也不断加快，在这一时期计算机的类型除小型、中型、大型机外，开始向巨型机和微型机（个人计算机）

两个方面发展。计算机逐步进入了办公室、学校和家庭。

新一代计算机，也就是第五代还处在研制阶段，人们通常认为它的产生标志与前几代有所不同，不再是物理器件的更新。人们设想，新一代的计算机应该是信息技术、高速存储技术、通信技术和人工智能相结合而构成的智能化的计算机系统。计算机在我国的发展也日新月异，我国国防科技大学1983 年研制成功"银河 - I"巨型计算机，运行速度达每秒 1 亿次；1992 年研制出巨型计算机"银河 - Ⅱ"，运行速度为每秒 10 亿次；1997 年研制的"银河 - Ⅲ"巨型计算机，运行速度已达到每秒 130 亿次，其系统的综合技术已达到当前国际先进水平，2010 年由国防科技大学研制的"天河一号"超级计算机，运行速度达千万亿次，成为全球最快的超级计算机。2002 年 9 月 28 日，中国科学院在北京宣布我国第一款商品化的通用高性能 CPU——拥有自主知识产权的"龙芯"1 号研制成功，并可大批量生产。这款首枚中国自主研发的高性能通用 CPU 芯片采用 0.18 μm工艺制造，目前主频最高可以达到266 MHz，填补了我国计算机行业在微处理器方面的空缺。

三、微型计算机的发展历程

随着 20 世纪 70 年代大规模集成电路的发展和微处理器 Intel 4004 和 Intel 8008 的出现，微型计算机就此诞生。微型计算机以微处理器为核心，它随着微处理器的发展而发展，从第一代微型计算机问世到现在，微处理器芯片已经发展到第六代产品。

第一代（1971—1973 年）微处理器，以 4 位微处理器 Intel 4004 和 8 位微处理器 Intel 8008 为代表。Intel 4004 主要用于计算器、电动打字机、照相机、台秤、电视机等家用电器上，用来提高家用电器的性能。Intel 8008 是世界上第一种 8 位微处理器，它的指令系统不完整，存储器容量只有几百字节，没有操作系统，只有汇编语言，主要用于工业仪表、过程控制。

第二代（1974—1977 年）微处理器，以微处理器 Intel 8080、Zilg 公司的 Z80 和摩托罗拉公司的 M6800 为代表。与第一代微处理器相比，集成度提高了 1 ~ 4 倍，运算速度提高了 10 ~ 15 倍，指令系统相对比较完善，已具备典型的计算机体系结构及中断、直接存储器存取等功能。

第三代（1978—1984 年）微处理器，以 16 位微处理器 Intel 8086、准 16 位微处理器 Intel 8088、Zilg 公司的 28000、摩托罗拉公司的 M68000 和 16 位微处理器 80286、M68020、Z80000 为代表。美国 IBM 公司将 8088 芯片用于其研制的 IBM-PC 中，从而开创了全新的微机时代，个人计算机真正走进了人们的工作和生活之中。

第四代（1985—1992 年）微处理器，这是 32 位微处理器时代。1985 年英特尔公司发布了 80386DX，其内部包含 275 万个晶体管，时钟频率为 12.5 MHz，后逐步提高到 20 MHz、25 MHz、33 MHz、40 MHz。1989 年英特尔公司推出 80486 芯片，集成了 120 万个晶体管，使用 1 μm 的制造工艺，时钟频率从 25 MHz 逐步提高到 33 MHz、40 MHz、50 MHz。

第五代（1993—2005 年）微处理器，第五代是奔腾（Pentium）系列微处理器时代，是从 32 位微处理器向 64 位过渡的时代，典型产品是英特尔公司的奔腾系列芯片及与之兼容的超微半导体（AMD）公司的 K6 系列微处理器芯片，如英特尔公司 1997 年推出的 Pentium MMX、2000 年开始推出的 Pentium 4，以及 2005 年开始推出的双核心的 Pentium D 和 Pentium EE 等。随着多媒体扩展指令集（Multi Media Extended）微处理器的出现，微机的发展在网络化、多媒体化和智能化等方面跨上了更高的台阶。

第六代（2005 年以后）微处理器，是酷睿（Core）系列微处理器时代。代表产品有酷睿 2（Core 2 Duo）、酷睿 i、酷睿 i3 等。64 位微处理器成为主导产品。酷睿订 7 是款 45 nm 原生四核处理器，处理器拥有 8 MB 三级缓存，支持三通道 DDR3 内存，采用 LGA1366 针脚设计，能以八线程运行。酷睿订的时钟频率在 3 GHz 以上。

四、计算机的特点与分类

（一）计算机的特点

计算机作为一种通用的数据处理工具，它主要具有以下特点。

①运算速度快。如今的计算机系统的运算速度非常高，使大量的复杂的科学计算问题得以解决。

②计算精确度高。科学技术的发展特别是尖端科学技术的发展需要高度精确的计算。而计算机是一部工作时不受人为因素干扰的具有高度的精确性的计算设备，这也是其精华所在，也正是如此，人们才越来越依赖计算机。

③具有记忆能力。计算机不仅能进行计算还能把参加运算的数据程序以及中间结果和最后结果保存起来，以备后用；通过编码技术还可以对各种信息（如语言、文字、图形、图像、音乐等）进行算术和逻辑运算，以及其他处理。

④自动操作功能。这部会“计算”的机器可以按人们事先编好的程序自动进行，不需要人工干预，从而为高度自动化奠定基础。

（二）计算机的分类

1. 按计算机的原理划分

从计算机中信息的表示形式和处理方式（原理）角度进行划分，计算机可分为数字电子计算机、模拟电子计算机和数字模拟混合式计算机这三大类。

在数字电子计算机中，信息都是以 0 和 1 两个数字构成的二进制数的形式，即不连续的数字量来表示的。在模拟电子计算机中，信息主要用连续变化的模拟量来表示。

2. 按计算机的用途划分

计算机按其用途可分为通用计算机和专用计算机两类。

（1）通用计算机

通用计算机适于解决多种一般性问题，该类计算机使用领域广泛，通用性较强，在科学计算、数据处理和过程控制等多种用途中都能适用。

（2）专用计算机

专用计算机用于解决某个特定方面的问题，配有为解决某问题的软件和硬件。

3. 按计算机的规模划分

计算机按规模即存储容量、运算速度等可分为七大类：巨型机、大型机、中型机、小型机、微型机、工作站和服务器。

巨型计算机即超级计算机，它是计算机中功能最强、运算速度最快、存储容量最大的类计算机，多用于国家高科技领域和尖端技术研究，是国家科技发展水平和综合国力的重要标志。巨型计算机的运算速度现在已经超过了每秒千万亿次，如我国国防科技大学研制的“天河”、我国曙光公司研制的“星云”、美国能源部下属橡树岭国家实验室的“泰坦”、美国劳伦斯 - 利弗莫尔国家实验室的“红杉”、日本理化研究所的“京”。

1983 年，我国“银河”亿次巨型机在国防科技大学诞生，它的研制成功使中国成为继美国、日本等国之后能够独立设计和制造巨型机的国家。我国后来又成功研制了“曙光”“深腾”“深超”“神威”“天河”“星云”等巨型机。2010 年 11 月 16 日，在全球超级计算机 500 强排行榜（又称“TOP500”）上，我国的“天河一号”超级计算机排名第一，它的运算速度可达每秒 257 千万亿次，美国的“美洲虎”排名第二，中国的“星云”位居第三。2011 年 10 月 27 日，国家超级计算济南中心正式揭牌，这一中心的“神威”系统是中国首台全部采用国产 CPU 和系统软件构建的千万亿次计算机系统，标志着中国成为继美国、日本之后采用自主 CPU 构建千万亿次计算机的国家。2013 年 6 月 17 日，全球超级计算机 500 强排行榜公布，我国的“天河二号”以每秒 3 386 千万亿次的浮点运算速度成为全球最快的超级计算机。2013 年 11 月 18 日、2014 年 6 月 23 日及 11 月 18 日、2015 年 7 月 13 日及 11 月 18 日，在国际 TOP500 组织公布的全球超级计算机 500 强排行榜上，我国的“天河二号”继续夺冠。2016 年 6 月 20 日，在全球超级计算机 500 强排行榜上，我国的“神威太湖一号”夺冠，“天河二号”排名第二，美国的“泰坦”排名第三。“神威太湖一号”所用的 CPU 全部是国产的。

大、中型计算机运算速度快，每秒可以执行几千万条指令，有较大的存储空间。

小型计算机主要应用在工业自动控制、测量仪器、医疗设备中的数据采集等方面，其规模较小、结构简单，对运行环境要求较低。

微型计算机采用微处理器芯片，微型计算机体积小、价格低、使用方便。

工作站是以个人计算机环境和分布式网络环境为前提的高性能计算机，工作站不仅可以进行数值计算和数据处理，而且支持人工智能作业和作业机，通过网络连接包含工作站在内的各种计算机可以互相进行信息的传送，资源和信息的共享及负载的分配。

服务器是在网络环境下为多个用户提供服务的共享设备，一般分为文件服务器、打印服务器、计算服务器和通信服务器等。

五、计算机的应用

在解放人的大脑的同时，计算机的出现也为许多新兴技术和新学科的发展奠定了基础。计算机应用于社会的各个领域，改变了人们的工作、学习和生活的方式，推动着社会的发展。通常，人们将计算机的应用归纳为以下几个方面。

（一）科学研究与计算

这是计算机最初的最基本的应用。计算机开始就是为解决科学研究和工程设计中遇到的大量数学问题的数值计算而研制的计算工具。随着现代科学技术进一步发展，数值计算在现代科学研究中的地位不断提高，同时在尖端科学领域中显得尤为重要。

（二）数据处理

在科学研究和工程技术中会得到大量的原始数据，其中包括大量图片、文字声音等信息处理数据，处理就是对数据进行收集、分类、排序、存储计算、传输等操作。数据处理也被称为信息处理，信息处理已成为当代计算机的主要任务，是现代化管理的基础。

（三）生产过程控制

生产过程控制是指通过计算机对某一过程进行自动操作，不需人工干预，能按人预定的目标和预定的状态进行过程控制，主要用于制造业。这里的过程控制是对现场的各种信息与数据实时采集、检测、处理和判断，由工业计算机按最佳值进行调节的过程。

（四）计算机辅助功能

常见的有计算机辅助设计（Computer Aided Design，CAD）、计算机辅助制造（Computer Aided Manufacturing，CAM）、计算机辅助测试（Computer Aided Test，CAT）、计算机集成制造系统（Computer Integrated Manufacturing System，CIMS），以及计算机辅助教学（Computer Aided Instruction，CAI）等。

（五）人工智能

人工智能是指计算机模拟人类某些智力行为的理论技术和应用。机器人是计算机人工智能的典型例子。

六、计算机的发展趋势

由于计算机技术发展十分迅速，产品不断更新换代。未来的计算机将向巨型化、微型化、网络化、智能化方向发展，将更加广泛地应用于人们的工作和生活中。

巨型化是指发展速度更快、存储容量更大、功能更强、可靠性更高的巨型计算机。例如，我国的“银河”“曙光”“天河”“星云”，以及美国的“泰坦”“美洲虎”。巨型计算机的发展集中体现了计算机科学的水平。

微型化是指发展体积更小、功能更强、集成度和可靠性更高、价格更便宜、适用范围更广的计算机。

网络化是指利用现代通信技术把分布在不同地理位置的计算机互联起来组成能实现硬件、软件资源共享和相互交流的计算机网络。

智能化是指使计算机模拟人的思维活动，利用计算机的“记忆”和逻辑判断能力，识别文字、图像和翻译各种语言，使其具有思考、推理、联想和证明等功能。

除了以上几个发展方向外，人们还将研究光子（Photon）计算机、生物（Biological）计算机、超导（Superconductor）计算机、纳米（Nanometer）计算机、量子（Quantum）计算机。研究的目标是打破现有计算机基于集成电路的体系结构，使得计算机能够像人那样具有思维、推理和判断能力。

光子计算机利用光子取代电子进行数据运算、数据存储和数据传输，用不同的波长表示不同的数据。光子计算机的运算速度可能比现在的计算机的速度快 1 000 倍，具有超强的抗干扰能力和并行处理能力。

生物计算机使用生物芯片，它的存储能力巨大，运算速度将比现在的计算机速度快 100 000 倍，而能耗仅为现有计算机的十亿分之一。生物计算机具有生物体的一些特点，如自动修复芯片的故障。

超导计算机由特殊性能的超导开关器件、超导存储器件和电路制成。目前的超导开关器件的开关速度比集成电路要快几百倍，而能耗仅为现有的大规模集成电路的千分之一。

纳米计算机是将纳米技术应用于计算机领域所研究的新型计算机。纳米本是一种计量长度的单位，1 mm = 1 000 000 nm，应用纳米技术研制的计算机内存芯片的体积不过数百个原子的大小，仅相当于人的头发丝直径的千分之一。纳米计算机几乎不耗费能量，它的运算速度是使用硅芯片计算机的一万五千倍。

量子计算机以处于量子状态的原子作为 CPU 和内存，利用原子的量子特性进行信息处理。量子位由一组原子实现，它们协同工作起到计算机内存和处理器的作用。由于原子具有在同一时间处于两个不同位置的奇妙特性，即处于量子位的原子既可以代表 1 或 0，也可以同时代表 1 和 0 及其之间的某个值，所以量子位是晶体管电子位的两倍。

第二节　计算机系统

一、硬件系统

所谓硬件（Hardware），指计算机的物理存在，包括计算机的物理设备本身及其各种物理外设。

（一）计算机系统的硬件结构

1. 冯•诺依曼计算机模型

以美国著名数学家冯•诺依曼为代表的研究组提出的计算机设计方案，为现代计算机的基本结构奠定了基础。

迄今为止，绝大多数实际应用的计算机都属于冯•诺依曼计算机模型。它的基本要点包括：采用二进制形式表示数据和指令，采用“存储程序”工作方式，计算机硬件部分由 5 大部件组成，即运算器、控制器、存储器、输入设备和输出设备。

2. 三总线

为了节省计算机硬件连接的信号线，简化电路结构，计算机各部件之间采用公共通道进行信息传送和控制。计算机部件之间分时占用着这些公共通道进行数据的控制和传送，这样的通道简称为总线，共分为以下三类。

（1）数据总线

数据总线用来传输数据，是双向传输的总线，CPU 既可以通过数据总线从内存或输入设备读入数据，又可以通过数据总线将内部数据送至内存或输出设备。

（2）地址总线

地址总线用于传送 CPU 发出的地址信号，是一条单向传输线，目的是指明与 CPU 交换信息的内存单元或 I/O 设备的地址。

（3）控制总线

控制总线用来传送控制信号、时序信号和状态信息等。其中，有的是 CPU 向内存和外设发出的控制信号，有的则是内存或外设向 CPU 传递的状态信息。

3. 计算机硬件系统的组成

硬件是软件工作的基础，只有硬件的计算机被称为“裸机”，必须配置相应的软件才能成为一个完整的计算机系统，才能应用于各个领域。

（1）运算器

运算器即算术逻辑单元（Arithmetic Logic Unit，ALU），是计算机对数据进行加工处理的部件，其主要功能是对二进制数码进行加、减、乘、除等算术运算和与、或、非等逻辑运算。运算器在控制器的控制下工作，运算结果由控制器指挥输入、输出或存储。

（2）控制器

控制器主要由指令寄存器、译码器、程序计数器和操作控制器等组成，用来控制计算机各部件协调工作，并使整个处理过程有条不紊地进行。其基本功能就是从内存中取指令和执行指令，即控制器按程序计数器的指令地址从内存中取出该指令进行译码，然后根据该指令功能向有关部件发出控制命令，执行该指令。另外，控制器在工作过程中，还要接受各部件反馈回来的信息。

（3）存储器

存储器具有记忆功能，用来保存信息，如数据、指令和运算结果等。存储器可分为内存储器（又称内存或主存）与外存储器（又称外存或辅存）两种。

内存可直接与 CPU 进行数据交换，一般容量较小、速度快，用来存放当前运行程序的指令和数据。内存由许多存储单元组成，每个单元能存放一个二进制数，或一条由二进制编码表示的指令。存储器的存储容量以字节（Byte）为基本单位，字节拥有其唯一的编号，为“地址”，以便实现对存储器中信息的按地址读写。为了度量数据存储容量，将 8 位（8 Bits）二进制码称为 1 个字节。字节是计算机中数据处理和存储容量的基本单位。1 024 个字节称为 1 KB 字节，1 024 KB 个字节称为 1 兆字节（1 MB），1 024 MB 个字节称为 1 吉字节（1 GB），1 024 GB 个字节称为 1 太字节（1 TB）。

外存是内存容量的扩充，一般容量大、价格低，但存储速度稍慢，一般用来存放大量暂时不用的程序、数据和中间结果，需要时，可成批地和内存进行信息交换。外存只能与内存交换信息，不能被计算机系统的其他部件直接访问。常用的外存有磁盘、磁带、光盘，以及一些移动存储设备等。

（4）输入设备

输入设备的功能是把计算机程序和数据输入计算机。常见的输入设备包括键盘、鼠标、图像输入设备（包括摄像机、数码相机、扫描仪和传真机等）和声音输入设备等。

（5）输出设备

输出设备的功能是把计算机程序和数据从计算机中输出。常见的输出设备包括显示器、打印机、绘图机和声音输出设备等。

（二）常用微型计算机中的硬件资源

微型计算机常用的外存储设备包括硬盘存储器、光盘存储器和移动存储设备等。

1. 硬盘

硬盘是由涂有磁性材料的合金圆盘组成的，是微机系统的主要外存。硬盘按盘径大小可分为 3.5 in、2.5 in 等。目前大多数微型计算机上使用的硬盘是 3.5 in 的。硬盘有一个重要的性能指标是存取速度，影响存取速度的因素有：平均寻道时间、数据传输率、盘片的旋转速度和缓冲存储器容量等。一般来说，转速越高的硬磁盘寻道的时间越短，而且数据传输率也越高。磁带存储器，也称为顺序存取存储器（Sequential Access Memory，SAM），将磁带上的文件依次存放。磁带存储器存储容量很大，但查找速度慢，在微型计算机上一般用作后备存储装置，以便在硬盘发生故障时恢复系统。以上介绍的外存的存储介质都必须通过机电装置才能进行信息的存取操作，这些机电装置为驱动器，如软盘驱动器（软盘片插在驱动器中读写）、硬盘驱动器、磁带驱动器和光盘驱动器等。随着大规模集成电路的发展与元器件成本的降低，USB存储器（简称U盘）也因其大容量、小巧、方便，应用日益广泛，U盘是目前比较常用的半导体存储设备。软盘磁带等存储设备已经被淘汰了。

2. 光盘

光盘是用盘面上的凹槽来反映信息的，当激光读取设备中的激光束投到凹槽的边沿上时，根据凹槽的深浅不同，所反射的光束也不同，这样可以表示不同的数据。一张光盘的容量一般为650 MB。光盘可分为三种：只读光盘、一次性写入光盘和可擦写光盘。

只读光盘（Compact Disk Read Only Memory，CD-ROM）是指生产厂家在制造时把内容写入光盘，用户只能读出光盘的内容，而不能写入信息。一次性写入光盘是指用光盘刻录机只能一次刻录内容到光盘上而不能再次刻录的光盘，但它可以被多次读。可擦写光盘是指可以多次刻录的光盘。

新一代光盘——DVD，是数字多功能光盘，是 Digital Versatile Disc 的简写。它的外形大小与现在的只读光盘的大小相同。这种光盘容量大，单面单层的DVD可存储4.7 GB的信息，双面双层的DVD最高能够存储17.8 GB的信息。DVD是多功能的光盘，有三种格式，即只读数字光盘、一次写入光盘和可重复写入光盘。

光盘存储器的优点是：记录密度高，存储容量大，可长期保存信息，又是无接触式记录。光盘存储器逐步替代磁盘存储器，是计算机技术发展的必然趋势。

光盘的读写是依靠光盘驱动器。光盘驱动器的主要性能指标如下：

①传输速度：光盘驱动器开始是按数据的传输速度来分类的。世界上第一种光盘驱动器的传输速度为150 KB/s，后来的光盘驱动器就以150 KB/s为一个基数，按照它来衡量传输速度。例如，倍速光盘驱动器的传输率就是300 KB/s。随着科学技术的日益发展，光盘驱动器的传输速度也越来越快，从最初的单速倍速，到后来的8速、12速，以至后来的24速、32速、40速等。

②纠错性能：光盘驱动器发展到现在，追求的已不仅仅是它的速度，更重要的是它的纠错性能。影响光盘驱动器纠错性能的因素主要包括光盘驱动器的转速、激光头的激光功率及其是否可升降、所使用光盘的质量好坏和光盘驱动器所采用的变频调速电机的变频调速速率等。

3. 移动存储设备

常见的移动存储设备包括软盘、U 盘和移动硬盘，它们的特点是可反复存取数据，在 Windows 等操作系统中可以即插即用。U 盘和移动硬盘一般使用 USB 接口。

U 盘采用一种可读写非易失的半导体存储器闪速存储器（Flash Memory）作为存储媒介，通过通用串行总线接口（USB）与主机相连，用户可在 U 盘上很方便地读写、传送数据。U 盘体积小巧、质量轻、携带方便、可靠性高。目前的 U 盘，一般可擦写至少 100 万次以上，数据至少可保存 10 年，容量一般以 GB 为单位。

移动硬盘体积稍大，但携带仍算方便，而容量比 U 盘更大，一般以 GB 和 TB 为存储单位，可以满足大量数据的存储和备份。

除了 U 盘和移动硬盘以外，还有一些其他可以作为商务移动存储的设备。例如，ZIP 驱动器，还有常见的 MP3 播放器等，往往都具有 U 盘的功能，受到用户的欢迎。

4. 基本设备

常用的基本设备包括键盘、鼠标、显示器、打印机等。

键盘是用户与计算机进行交流的主要工具，是计算机最重要的输入设备，也是微型计算机必不可少的外部设备。键盘通常由三部分组成：主键盘、小键盘、功能键。

鼠标也是微型计算机上的一种常用的输入设备。目前常用的鼠标有机械式和光电式两类。

显示器是微型计算机不可缺少的输出设备。显示器是用光栅来显示输出内容的，光栅的像素应越小越好，光栅的密度越高，即单位面积的像素越多，分辨率越高，显示的字符或图形也就越清晰细腻。常用的分辨率有：640 × 480、800 × 600、1 024 × 768、1 280 × 1 024 等。像素色度的浓淡变化称为灰度。显示器按输出色彩可分为单色显示器和彩色显示器两大类；按其显示器件可分为阴极射线管（CRT）显示器和液晶（LCD）显示器；按其显示器屏幕的对角线尺寸可分为 14 in、15 in、17 in 和 21 in 等几种。分辨率、彩色数目及屏幕尺寸是显示器的主要指标。显示器必须配置正确的适配器（显示卡），才能构成完整的显示系统。

打印机（Printer）是计算机产生硬拷贝输出的一种设备，提供用户保存计算机处理的结果。打印机的种类很多，按工作原理可分为击打式打印机和非击打式打印机。目前微型计算机系统中常用的针式打印机（又称点阵打印机）属于击打式打印机；喷墨打印机和激光打印机属于非击打式打印机。

二、软件系统

软件（Software），是一系列按照特定顺序组织的计算机数据和指令的集合。通常提到计算机，应当是指包含有硬件系统和软件系统的计算机系统。软件系统的组成如下：

1. 指令

指令是能被计算机识别并执行的二进制代码，它规定了计算机能完成的某一操作条指令，通常由两个部分组成：操作码和操作数。操作码可指明该指令要完成的操作类型或性质，如取数、做加法或输出数据等。操作数可指明操作对象的内容或所在的存储单元地址（地址码）。操作数在大多数情况下是地址码，地址码可以有 0 ~ 3 个。

2. 程序

程序是用某种特定的符号系统（语言）对被处理的数据和实现算法的过程进行的描述。通俗地说，就是用于指挥计算机执行各种动作，以便完成指定任务的指令序列。

3. 软件

软件是各种程序的总称。广义地说，软件泛指程序、运行时所需的数据以及程序的有关文档资料。计算机的软件系统是指为使用计算机而编制的程序和有关文件。

三、计算机软件与硬件之间的关系

计算机中，硬件和软件是相辅相成的，从而构成一个不可分割的整体——计算机系统。

1. 硬件是软件的基础

只有硬件，计算机还不能直接被用户使用，需要安装一系列的软件后，计算机才能正常使用。软件建立在硬件基础之上。没有硬件，软件无法栖身，无法工作。

2. 软件是硬件的功能扩充与完善

硬件提供了一种使用工具，而软件提供使用这种工具的方法。系统软件支持应用软件的开发，操作系统支持应用软件和系统软件的运行。各种软件通过操作系统的控制和协调完成对硬件系统各种资源的利用。

3. 硬件和软件相互渗透、相互促进

从功能上讲，计算机硬件和软件之间并不存在一条固定或一成不变的界限。计算机系统的许多功能，既可用硬件实现，也可用软件实现。由于软硬件功能的相互渗透，也促进了软硬件技术的发展。一方面，硬件的发展及性能的改善，为软件的应用提供了广阔的前景，促进了软件的发展；另一方面，软件的发展，给硬件提出了新的要求，促进新硬件的产生和发展。

第三节　多媒体技术及多媒体计算机

一、多媒体的基本概念与多媒体技术的特点

（一）媒体及多媒体

1. 媒体

媒体是指信息表示和传播的载体。例如，文字、声音、图形和图像等都是媒体，它们向人们传递各种信息。在计算机领域，几种主要媒体的定义如下。

（1）感觉媒体

直接作用于人的感官，使人能直接产生感觉的信息载体称为感觉媒体。例如，人类的各种语言、播放的音乐，自然界的各种声音、图形、静止或运动的图像，计算机系统中的文件、数据和文字等，都是感觉媒体。

（2）表示媒体

这是为加工、处理和传输感觉媒体而人为地进行研究、构造出来的一种媒体，它是感觉媒体数字化之后的表示形式。各种编码都是表示媒体，如语言文字编码、文本编码、图像编码等。借助表示媒体，可存储和传输感觉媒体。

（3）显示媒体

显示媒体是通信中用于使电信号和感觉媒体之间产生转换的媒体，计算机的输入输出设备都是显示媒体，如键盘、摄像机、光笔、话筒、显示器、打印机等。

（4）存储媒体

存储媒体用来存放表示媒体，即存放感觉媒体数字化后的代码，它是存储信息的实体，如半导体存储器、软硬磁盘、唱片和 CD-ROM 等。

（5）传输媒体

传输媒体是用来将媒体从一处传送到另一处的物理载体，如空气、电话线、电波、双绞线、同轴电缆、光纤等。

2. 多媒体

多媒体译自英文 Multimedia，该词由 Muli（多）和 Media（媒体）复合而成，

国际电信联盟对多媒体含义的表述是：使用计算机交互式综合技术和数字通信网络技术处理多种表示媒体（如文本、图形、视频和声音等），使多种信息建立逻辑连接，集成为一个交互系统。日常生活中媒体传递信息的基本元素是声音、文字、图形图像、动画、视频等，这些基本元素的组合就构成了我们平常接触的各种信息。

在计算机领域中，多媒体是指融合两种或两种以上媒体的人机互动的信息交流和传播媒体。这些媒体包括文字、图像、声音、视频和动画等。这个定义有如下含义。

①多媒体是信息交流和传播媒体。从信息传播这个意义上说，多媒体和电视、报纸、杂志等媒体的功能是一样的。

②多媒体是人 - 机交互媒体。这里所指的“机”，主要是指计算机，或者是由微处理器控制的其他终端设备。计算机的一个重要特性是交互性，使用它容易实现人 - 机交换功能，这是多媒体和电视、报纸、杂志等传统媒体不大相同的地方。

③多媒体信息都是以数字的形式，而不是以模拟信号的形式存储和传输的。可见，多媒体是有两种或两种以上媒体的有机集成体，但多媒体不仅是指多种媒体本身，而且包含处理和应用它们的一整套技术，因此，多媒体与多媒体技术是同义词。

（二）多媒体技术及其特点

1. 多媒体技术

通常多媒体技术是指把文字、音频、视频、图形、图像、动画等多媒体信息通过计算机进行数字化采集、获取、压缩或解压缩、编辑、存储等加工处理，再以单独或合成形式表现出来的一体化技术。其实质是将自然形式存在的媒体信息数字化，然后利用计算机对这些数字信息进行加工，以一种最友好的方式提供给使用者使用。

多媒体使用具有划时代意义的“超文本”思想与技术，组成了一个全球范围的超媒体空间，通过网络和多媒体计算机，人们表达、获取和使用信息的方式和方法已产生了重大变革，对人类社会也产生了长远和深刻的影响。

（1）超文本

1965 年，德特 • 纳尔逊（Ted Nelson）在计算机上处理文本文件时，想到一种把文本中遇到的相关文本组织在一起的方法，让计算机能够响应人的思维，以及能够方便地获得所需要的信息，他为这种方法杜撰了一个词——Hypertext（超文本）。实际上，这个词的真正含义是“链接”，用来描述计算机中的文件的组织方法，后来人们把用这种方法组织的文本称为超文本。

超文本是包含指向其他文档或文档元素的指针的电子文档。与传统的文本文件相比，它们之间的主要差别是，传统文本是以线性方式组织的，而超文本是以非线性方式组织的。这里的非线性是指文本中遇到的一些相关内容通过链接组织在一起，用户可以很方便地浏览相关内容。这种文本的组织方式超链接与人们的思维方式和工作方式比较接近。

超链接是两个对象或文档元素之间的定向逻辑链接，也被称为热链接或超文本链接。对象或文档元素通常是指一个词、短语、符号、图像、声音文件、影视文件或其他文件。实际上，超链接是一个对象指向另一个对象的指针，建立互相链接的对象不受空间位置的限制，可以是同一个文件、不同的文件或世界上任何一台联网计算机上的文件。这些带指针的对象或元素通常具有下划线或不同的颜色，用户可以用鼠标单击带有链接的对象以显示被链接的对象。

（2）超媒体

超媒体是超文本的扩展，是由文字、声音、图形、图像或电视等媒体元素相互关联的媒体，用户可以方便地浏览与主题相关的内容。超媒体试图提供一种符合人类思维习惯的工作和学习环境。

超媒体与超文本之间的不同之处是，超文本主要是以文字的形式表示信息，建立的链接关系主要是文句之间的链接关系。超媒体除了使用文本外，还使用图形、图像、声音、动画或影视片段等多种媒体来表示信息，建立的链接关系是文本、图形、图像、声音、动画和影视片段等媒体之间的链接关系。

可见，多媒体技术是一种基于计算机的综合技术，包括数字信号处理技术、音频和视频压缩技术、计算机硬件和软件技术、人工智能和模式识别技术、网络通信技术等。它包含了计算机领域内较新的硬件技术和软件技术，并将不同性质的设备和媒体处理软件集于一体，以计算机为中心综合处理各种信息。

简而言之，利用计算机交互式综合处理多种媒体信息——文本、图形、图像、声音、动画和视频，使这些信息建立逻辑连接，集成为一个系统并具有交互性的技术就是多媒体技术，或称为多媒体计算机技术。同样，能够对声音、图像、视频等多媒体信息进行综合处理的计算机即为多媒体计算机。

2. 多媒体技术的特点

（1）信息载体的多样性

信息载体的多样性是多媒体的主要特性之一。在多媒体技术中，计算机所处理的信息空间范围拓展了，不再局限于数值、文本、图形和图像，并且强调计算机与声音、影像相结合，以满足人类感官空间对多媒体信息的需求。这在计算机辅助教育，以及产品广告、动画片制作等方面都有很大的发展前途。

（2）多种信息的综合和集成处理

多媒体技术不仅要对多种形式的信息进行各种处理，而且要将它们有机地结合起来。突出的例子是动画制作，要将计算机产生的图形或动画与摄像机拍摄获得的图像叠加在一起，在播放时再和文字、声音混合，这样，就需要对多种信息进行综合和集成处理。

多媒体的集成性主要体现在两点：一是多媒体信息的集成，是指各种媒体信息应能按照一定的数据模型和组织结构集成为一个有机的整体，以便媒体的充分共享和操作使用；二是操作这些媒体信息的工具和设备的集成，是指与多媒体相关的各种硬件设备和软件的集成，这为多媒体系统的开发和实现建立一个集成环境。

（3）多媒体系统是一个交互式系统

交互性是多媒体技术的关键特征，没有交互性的系统就不是多媒体系统，例如，看电视、听广播，人们只能被动地接收信息，没有交互能力，因此，电视和广播不是多媒体系统。如果将电视技术具有的声音、图像、文字并茂的信息传播能力，通过多媒体技术与计算机结合起来，产生交互功能，从而形成全新的信息传播能力，这就组成了多媒体系统。多媒体系统向用户提供交互使用、加工和控制信息的手段，为应用开辟了更加广阔的领域，也为用户提供了更加方便的信息存取手段。交互可以增加对信息的注意力和理解力，延长信息的保留时间，但在单向的信息空间中，这种接受的效果和作用就很差，只能使用所提供的信息，很难做到自由地控制和干预信息的获取与处理过程。

多媒体信息在人机交互中的巨大潜力，主要来自它能提高对信息表现形式的选择和控制能力，同时也能提高信息表现形式与人的逻辑和创造能力结合的程度。多媒体信息比单一信息对人具有更大的吸引力，有利于人对信息的主动探索而不是被动接受。在动态信息和静态信息之间，人更倾向于前者。多媒体信息所提供的种类丰富的信息源，恰好能满足人们这方面的需要。

二、多媒体技术的应用

多媒体技术作为 20 世纪 80 年代发展起来的新兴技术，大大改变了人们处理信息的方式。早期的信息传播和表达信息的方式，往往是单一和单向的，后来随着计算机技术、通信和网络技术、信息处理技术和人机交互技术的发展，拓展了信息的表示和传播方式，形成了各种媒体进行综合、交互处理的多媒体技术。多媒体技术的研究领域非常广泛，几乎遍布各行各业以及人们生活的各个角落。由于多媒体技术具有直观、信息量大，易于接受和传播等显著特点，该领域的拓展十分迅速。今年来多媒体技术已经成功涉足以下几个领域。

（一）教育培训

教育领域是研究多媒体技术较早的领域，也是进展最快的领域，多媒体技术的特点最适合教育。人们以最自然、最直观、最容易的多媒体形式接受教育，不但增强了信息丰富性，提高了知识趣味性，而且还增强了学习主动性，提高了科学准确性。

1. 计算机辅助教学

计算机辅助教学是多媒体技术在教育领域中研究的典例。它是新型教育技术与计算机应用技术结合的产物，其核心内容是以计算机多媒体技术为教学媒介而进行的教学活动；它利用数字化的声音、文字、图像、视频及动画，展现各个学科的可视化内容，展示形象的、逼真的自然现象，客观规律，科普知识以及各个领域里的尖端技术等，目的在于强化形象的思维模式，使性质和概念更容易被人们接受。

2. 计算机化教学

计算机化教学是近年来发展起来的，它是多媒体技术研究的一个重要方面。它的研究使得计算机教学手段从辅助变成前台，成为主角，也比较成为教育方式的主流和方向。计算机化教学的主要特点：充分利用计算机技术将全部教学内容融入计算机所做的工作中，为受教育者提供海量信息，这也就是常说的多媒体教学的概念。

（二）休闲旅游

多媒体技术的引入使人们的娱乐观念发生了很大变化，随着多媒体统一技术的不断发展和完善，今天人们所能享受到的由多媒体带来的娱乐和其他传统娱乐方式相比已不可同日而语了。多媒体技术为旅游业带来的变革也是显而易见的，例如，宣传方式已经从传统的印刷品到由大量逼真的图片、动听的解说，实时的录像所组成的数字化载体来实现，使消费者如身临其境，很大程度上促进了旅游业的发展

（三）商业广告

多媒体广告不同于平面广告，当多媒体技术应用于商业广告时，几乎使

人们的视觉、听觉和感觉全部处于兴奋状态。多媒体技术在商业广告领域中的特点：直观，易于接受，在视觉、听觉、感觉等方面宣扬广告意图；提供交互功能，使消费者能够了解商业信息及其他相关信息；提供消费者的反馈信息；提供商业规范咨询，并设置在线咨询、问题解答等服务。

（四）影视娱乐

随着多媒体技术的发展逐步趋于成熟，影视娱乐业是一个非常有前途的研究领域，其使用先进的计算机技术已经成为一种趋势，大量的计算机模拟效果注入影视作品中，从而增加了艺术效果和商业价值。

（五）电子出版

多媒体技术为报纸、杂志及图书的出版带来了勃勃生机，各种各样的电子出版物应运而生。电子出版物以其信息容量大、易于检索、成本低等优点得到了迅速的发展，并取代了一些传统的出版物。百科全书、电子词典、技术手册、电子书刊等采用光盘形式，观看、收藏都及为方便。

综上所述，无论从哪个方面来看，拓宽计算机处理信息类型，利用多媒体是计算机技术发展的必然趋势。多媒体技术的发展方向我们可以概括为以下两个方面。

1. 智能化

多媒体的基本应用是利用多媒体传递信息，而计算机与报纸、广播、电视最大的区别应该是它的交互性。图像理解、语音识别、多媒体检索、虚拟现实等基于内容管理的技术正在蓬勃发展。未来的计算机不仅能够传递多媒体信息，而且能够识别多媒体信息、理解多媒体信息。它能够知道语言的含义，能够认识图像的含义，能够在基于计算机网络的分布式数据库中找到用户想要的多媒体信息。人们与计算机的交互方式可以通过语言、行为等人与人交往的自然方式进行。

2. 立体化

随着技术的发展，多媒体技术的应用已不限于在个人计算机上的处理和表现，许多家电设备、工业控制系统、现场监视系统也正在实现数字化，随着多媒体信息的识别技术、网络技术和通信技术的发展，它们将构成一个立体化的网络系统，而人机交互的媒体将是多媒体信息。

三、多媒体计算机概述

（一）多媒体计算机的概念

多媒体计算机是指具有处理多媒体功能的个人计算机。由微软公司联合主要 PC 厂商组成的多媒体计算机市场协会，分别在 1991 年、1993 年和 1995 年制定了多媒体计算机标准 MPC 0、MPC 2.0、MPC 3.0）。按照多媒体计算机联盟的标准，多媒体计算机包含 5 个基本单元：个人计算机、CD-ROM 驱动器、音频卡、微软 Windows 操作系统和组音响或耳机，同时对个人计算机的 CPU、内存、硬盘和显示功能等做了基本要求。

现代多媒体计算机的主要硬件配置必须包括 CD-ROM、音频卡和视频卡，这三方面既是构成现代多媒体计算机的重要组成部分，也是衡量一台多媒体计算机功能强弱的基本标志。

MPC 3 标准制定以来，计算机的软硬件技术又有了新的发展，特别是网络技术的迅速发展和普及，多媒体计算机不仅是娱乐中心，也有成为信息处理和通信中心的趋势。未来的多媒体计算机除了在多媒体功能上不断加强外，必须把网络功能和通信功能（如 Fax/Modem 及网络通信软件）作为基本配置列入标准。

（二）多媒体计算机的主要技术

1. 视频和音频数据的压缩、解压缩技术

视频信号和音频信号数字化后数据量大得惊人，这是制约多媒体发展和应用的最大障碍。一帧中等分辨率（640 × 480）真彩色（24 位像素）数字视频图像的数据量约占 0.9 MB 的空间。如果存放在 650 MB 的光盘中，以每秒 30 幅的速度播放，只能播放二十几秒；双通道立体声的音频数字数据量为 14 MB，一个 650 MB 的光盘只能存储 7 min 声音的音频数据。一部放映时间为 2 h 的电影或电视，其视频和音频的数据量约占 208 800 MB 的存储空间。所以一定要把这些信息压缩后存放，在播放时解压缩。所谓图像压缩，是指图像从以像素存储的方式，经过图像变换、量化和高速编码等处理转换成特殊形式的编码，从而大大降低计算机所需要存储和实时传送的数据量。

2. 超大规模集成电路制造技术

声音和图像信息的压缩处理需要进行大量的计算，视频图像的压缩处理要求实时完成，这对通用个人计算机来说是非常困难的。由于超大规模集成电路技术的进步，若生产出低廉的数字信号处理器（DSP）芯片，通用个人计算机可以解决该问题。在通用个人计算机需要多条指令才能完成的处理，在数字信号处理器上用一条指令即可。

3. 专用芯片

多媒体计算机要进行大量的数字信号处理、图像处理、压缩和解压缩，

以及解决多媒体数据之间关系等问题，它需要使用专用芯片。专用芯片包含的功能较多，集成度可达上亿个晶体管。

4. 大容量存储器

目前，DVD-ROM 用得较多，发展大容量的 DVD-ROM 存储器是目前要解决的问题。DVD 的容量为 47 GB，而 CD 光盘的容量仅为 700 MB。

5. 虚拟现实技术

虚拟现实（Virtual Reality，VR）技术是指利用计算机生成一种模拟环境，并通过多种专用设备使用户“投入”该环境中，实现用户与该环境直接进行交互的技术。虚拟现实技术融合了数字图像处理、计算机图形学、人工智能、多媒体技术、传感器、网络和并行处理技术，可以为用户同时提供视觉、听觉、触觉等多种直观而自然的实时感知。

6. 多媒体的数字水印技术

目前的信息安全技术是以密码学理论为基础的。数字化的多媒体数据实际上就是数字信号，对这类数据如果采用密码加密模式，则其本身的信号属性就会被忽略。近几年许多研究人员放弃了传统密码学的技术路线，尝试用各种信号处理的方法对音像数据进行隐藏加密，并将该技术用于制作多媒体的数字水印（Digital Watermark）。数字水印技术是指用信号处理的方法，在数字化的多媒体数据中嵌入隐藏的标记。这种标记通常是可见的，但是只有通过专用的检测器或阅读器才能读取。

7. 超媒体技术

超媒体技术是指采用超文本方法来表达丰富的多媒体信息的技术。超文本结构类似于人类的联想记忆结构，它采用一种非线性的网状结构来组织块状信息，没有固定顺序，也不要求按顺序浏览。超文本是一种按信息之间关系非线性地存储、组织、管理和浏览信息的计算机技术。

8. 研制适用于多媒体技术的软件

例如，多媒体操作系统，是多媒体计算机用户开发应用系统而设置的具有编辑功能和播放功能的创作系统软件，以及各种多媒体应用软件。

（三）多媒体计算机的硬件

多媒体计算机的硬件系统是指系统的所有物理设备，它是多媒体系统的物质基础。多媒体计算机的硬件系统由主机、多媒体外部设备接口卡和多媒体外部设备构成。多媒体外部设备接口卡包括声卡、视频卡、VGATV 转换卡和光盘接口卡等。

1. 多媒体的外部设备

多媒体外部设备按照功能可分为以下四类。

①视频音频输入设备，如摄像机、录像机、影碟机、扫描仪、话筒、录音机激光唱盘和乐器数字接口（Musical Instrument Digital Interface，MIDI）合成器等。

②视频音频输出设备，如显示器、电视机、投影电视、扬声器、立体声耳机等。

③人机交互设备，如键盘、鼠标、触摸屏、光笔等。

④数据存储设备，如 CD-ROM、磁盘、可擦写光盘、打印机等。

2. 多媒体计算机的硬件

（1）声卡

音频卡简称声卡，从硬件上实施声音信号的数字化、压缩、存储、解压和回放等功能，并提供各种音乐设备（收音机、录放机、CD、合成器等）的接口与集成能力。

（2）视频卡

视频卡以硬件方式快速有效地解决活动图像信号的数字化、压缩、存储、解压和回放等重要视频处理和标准化问题，并提供各种视频设备如摄像机、录像机、影碟机、电视等的接口与集成能力。视频卡按功能可分为视频转换卡、动态视频捕捉卡、视频压缩卡和视频合成卡等。

（3）DVD-ROM（或 CD-ROM）

为了存储大量的影像、声音、动画、程序数据和高分辨率的图像信息，必须使用容量大、体积小、价格低的 DVD（或 CD-ROM）。DVD-ROM（或 CD-ROM）分为单速（150 KB）、双倍速（300 KB/s）、3 倍速（450 KB/s）、4 倍速（600 KB/s）、8 倍速（1 200 KB/s）、10 倍速（15 000 KB/s）……40 倍速等。

（4）扫描仪

扫描仪用于扫描文字、表格、图形和图像，分为黑白扫描仪和彩色扫描仪。

（5）触摸屏

触摸屏用于直接在屏幕上触摸来代替键盘、鼠标工作。

（四）多媒体操作系统

多媒体操作系统是多媒体系统的核心。多媒体操作系统用于支持多媒体的 I/O 以及相应的软件接口，具有实时任务调动、多媒体数据转换和同步控制、仪器设备驱动和控制、图形用户界面管理等功能。

多媒体操作系统主要有微软公司的 Windows 系列操作系统，以及苹果公司 SYSTEM 7.0 中提供的 Quick Time 操作平台等。

四、多媒体计算机系统

多媒体计算机系统是指能对多媒体信息进行获取、编辑、存取、处理、加工和输出的一种交互性的计算机系统。多媒体计算机系统一般由多媒体计算机硬件系统和多媒体计算机软件系统组成。

多媒体计算机硬件系统包括多媒体计算机（如个人机、工作站、超级微机等）、多媒体 I/O 设备（如打印机、绘图仪、音响、电视机、录像机、录音机、喇叭、高分辨率屏幕等）、多媒体存储设备（如硬盘、光盘、声像磁带等）、多媒体功能卡（视频卡、声音卡、压缩卡、加电控制卡、通信卡）、操纵控制设备（如鼠标、键盘、操纵杆、触摸屏等）等装置组成。多媒体计算机软件系统包括支持多媒体功能的操作系统（如 Windows、Linux 等）、多媒体数据开发软件、多媒体压缩 / 解压缩软件、多媒体声像同步软件、多媒体通信软件、各种多媒体应用软件等。

如今的家用个人计算机系统，都是一个简单的多媒体系统。

五、多媒体计算机的发展趋势

1. 完善计算机支持的协同环境

计算机支持的协同工作是一个非常热门的研究课题。这是一个跨学科的研究领域，它涉及计算机科学、信息科学、社会学、心理学及人类学等多种学科，研究工作目前还没有一个确切的定义，有人认为，计算机支持的协同工作致力于研究协同工作的本质和特征，探讨如何利用各种计算机技术设计出支持协同工作的信息系统。由于计算机支持的协同工作系统能够适应信息化社会中人们工作方式的群体性、交互性、分布性和协作性的特点，所以它发展得特别迅速。目前，世界上很多研究者正在从事该系统的有关研究工作。例如，群体协作理论的研究；协同工作的本质和特征的研究，也就是研究个人和群体的行为特点，协作的目的、意义和手段；有效的协作方式和协作模型；协作的支持技术。

2. 增强计算机的智能

增强计算机的智能可以进一步解决如文字、语音的识别和输入，汉语自然语言的理解和翻译，图形的识别和理解，以及解决知识工程及人工智能中的一些课题，从而使多媒体技术应用更加广泛。

3. 多媒体信息实时处理和压缩编码算法带入 CPU 芯片中

计算机产业的发展趋势应该是把多媒体和信息的功能集成到 CPU 芯片中。过去计算机结构设计较多地考虑计算功能，主要用于数学运算及数值处理，最近几年随着多媒体技术和网络通信技术的发展，需要计算机具有综合处理声、文、图信息及通信的功能。

为了使计算机能够实时处理多媒体信息对多媒体数据进行压缩编码和解码，最早的解决方法是采用专用芯片，设计制造专用的接口卡。最佳的方案是把上述功能集成到 CPU 芯片中，从目前的发展趋势看可以把这种芯片分成两类：一类是以多媒体和通信功能为主，融合 CPU 芯片原有的计算机功能，设计目标是用在多媒体专用设备、家电及宽带通信设备上，可以取代这些设备中的 CPU 及大量 ASIC 和其他芯片；另一类是以通用 CPU 计算机功能为主，融合多媒体的通信功能，设计目标是与现有的计算机系列兼容，同时具有多媒体和通信功能，主要在多媒体计算机中。

第二章　计算机软件的相关概念界定

习惯上，人们往往认为软件就是程序。其实，软件是一个随时代而发展的概念。时代不同，软件的内涵也不相同。在计算机出现的早期，可以说软件即是程序。随着时代的发展，计算机处理的问题多样化，程序的规模越来越大，这样在程序的设计、维护、升级等方面产生了一系列新的问题，针对这些问题对软件的概念进行了更新。目前看来，程序只是软件的一个重要组成部分，但不是软件概念的全部。

第一节　计算机软件概述

一、什么是计算机软件

计算机系统是由硬件和软件构成的，硬件是基础，软件是灵魂。计算机软件不仅仅指程序，还包括保证程序正确运行的数据和文档。因此，计算机软件可以如图 2-1 所示。

<table>
<tr><td rowspan="7">软件</td><td rowspan="2">程序</td><td colspan="2">源程序</td></tr>
<tr><td colspan="2">目标程序</td></tr>
<tr><td rowspan="2">数据</td><td colspan="2">输入数据</td></tr>
<tr><td colspan="2">输出数据</td></tr>
<tr><td rowspan="3">文档</td><td>开发文档</td><td>可行性研究报告、需求说明书、设计说明书、项目开发计划……</td></tr>
<tr><td>管理文档</td><td>项目开发计划、测试计划、测试报告、开发进度月报、项目开发总结……</td></tr>
<tr><td>用户手册</td><td>用户手册、操作员手册、系统概况指南、维护说明书……</td></tr>
</table>

图 2-1　计算机软件的组成

其中，程序是让计算机完成计算任务并且计算机可以接受的一系列操作指令的集合。数据是程序要处理的对象和结果，主要指使程序能正常操纵信息的数据结构。计算机直接处理的数据结构只有简单的整数、浮点数、字符、布尔值等，人们可以根据需要在这些基本数据结构的基础上定义复杂的数据结构。文档是以图、表、文字等方式描述和记录程序设计、开发、运行、维护等各阶段成果、方法的材料，如需求说明书、设计说明书、流程图、用户手册等。文档不仅是软件开发管理者与用户之间的合同书，也是设计者向软件开发人员下达的任务书，是维护人员的技术指导手册，还是用户的操作手册。

此外，在知识产权保护日益被重视的今天，软件许可协议也成了软件的一部分。

二、计算机软件的功能

为方便用户使用计算机，人们就想到用软件来改造硬件，使计算机易于掌握使用。

首先，软件专家设计并实现了计算机语言，这是接近人类自然语言的一种语言，它可以通过一种特定的软件将计算机语言翻译成硬件中的指令，这种软件称为语言处理系统（Language Processing System）。有了它，用户就不必用指令编程而可直接用计算机语言编程，这样就大大方便了计算机的使用。

其次，计算机专家设计并实现了多种数据结构（Data Structure），它将二进制数转换成十进制数（整数与实数）及西文、中文的转换。此外，还可以组成图形，图像、声音等多媒体数据以及知识表示中的数据，这些都可用一定的数据结构表示。有了它，用户就可以直接使用自己所熟悉的计算对象了。可以进一步将数据结构组织成数据模式，使多个用户能共享使用数据，这种扩充的数据结构称为数据库（Database），而使用、管理数据库的软件称为数据库管理系统（Database Management System）。

最后，计算机软件在硬件之上运行，在运行过程中须统一协调软硬件关系，这可用一种软件实现，称为操作系统（Operating System）。

有了操作系统、语言处理系统及数据库管理系统三种软件后，可以对硬件进行本质的改变，极大地改善了用户使用计算机的环境，从而促进了计算机的应用与发展，通常称这三种软件为系统软件（System Software）。

计算机硬件与系统软件的捆绑组成了一种具有全新功能的计算机，这是计算机硬件功能的第一次扩充。

此后，在系统软件的基础上又出现了工具软件、接口软件以及中间件等多种软件，它们为用户使用计算机提供了更为有效的支撑作用，因此，此类软件称为支撑软件（Support Software）。

计算机硬件 + 系统软件 + 支撑软件组成了计算机功能的又一次扩充，即第二次扩充。

在第二次扩充的基础上再加上直接为用户应用服务的软件（即应用软件）组成了计算机功能的第三次扩充。这三次扩充包括系统软件、支撑软件与应用软件三个部分，构成了计算机硬件之上的软件整体，有了硬件与软件后，用户使用计算机就有了全新改变，用户可以方便地开发计算机并且直接应用计算机。因此，计算机硬件与计算机软件组成了一个新的系统，称为计算机系统，这个系统为用户提供了新的功能与使用环境。

三、计算机软件的特点

软件是相对硬件而言的计算机系统中的重要组成部分，与硬件相比，软件具有以下特点。

①软件随着硬件的发展而不断变化，它是人类智慧的延伸，不存在老化和磨损的问题。

②软件是有生命周期的（从软件被提出到最终被淘汰），随着软件的不断修改，最后导致软件的退化，从而生命周期结束。

③软件是复杂的。由于软件结构和依赖关系的复杂性，人们难以全面理解和描述问题，导致软件存在产品缺陷，影响可靠性，并且软件的任何更改和扩充都有可能产生“雪崩效应”。

④相对硬件，软件是无形的，是逻辑上的概念。这使得定义“做什么”成为软件开发的根本问题。

⑤软件在研制成功后，其制作过程相对简单，只需对原版软件进行复制。

⑥软件产品的维护相当复杂，在维护过程中可能需要进行纠错、完善、升级等工作。

⑦软件的开发、运行会涉及很多社会因素，并受到计算机系统的限制。

⑧软件中的错误很难排除干净，总有漏洞（Bug）等待被发现。即使是大名鼎鼎的微软 Windows 操作系统也无法摆脱漏洞的困扰，这就是为什么我们总要安装它的补丁的原因。

⑨软件开发至今也没有摆脱手工方式。

四、计算机软件的地位和作用

现代计算机系统包括硬件与软件两个部分，而它所面对的是用户。在硬件、软件及用户三者中，硬件是计算机的物理基础，用户是计算机的直接使用者，而最后，软件则是用户与硬件间的接口，这是一种宏观意义上的接口，它表示用户在使用中不直接操作、应用硬件，而是通过软件实现的，在这里软件起到了中间的接口作用，其具体表现为：软件可为用户使用计算机提供方便；可用软件开发应用替代用户的脑力劳动，为用户减轻脑力负担。

第二节　计算机软件的特性及分类

一、软件的特性

在计算机学科中，软件是一种很特殊的产物，它的个性非常独特，只有充分地了解，才能正确地把握与使用。下面对软件的特性进行介绍。

（一）软件的抽象性

软件的抽象性可表现在两方面。首先，软件是一种信息产品，它是一种无形实体，即没有具体物理形态；其次，它是一种逻辑产品，是知识的结晶体。软件的抽象性是软件的第一特性，其他特性均可由此特性衍生。

（二）软件的知识性

软件生产是一种大脑知识活动过程，它不需要大量地皮、厂房及设备，也不需要大量体力劳动，它所需要的主要是软件的专业知识与能力以及大量的脑力劳动。因此，软件是一种知识性产品。

（三）软件的复杂性

软件的复杂性主要表现在两方面。首先，从结构上看，软件是一种结构复杂的逻辑产品。其次，从制作上看，软件制作是从客观需求到抽象产品的过程，其间需经过多层次的提炼与改造才能转变成可用软件。这就是制作的复杂性，软件的结构复杂性与制作复杂性反映了软件整体的复杂性。

（四）软件的复用性

软件的生产过程是复杂的，但当它一旦生成后即可反复不断、多次复制与使用，这就是软件的复用性，或称重用性。

软件的复用性是软件有别于其他产品的又一重大特性。人们知道，汽车制造厂生产汽车只能一辆一辆的制造；房地产企业建造楼盘必须一幢一幢的盖建，无捷径可言，不可设想在一天之内复制出成千上万幢楼房，这简直是“天方夜谭”，但软件可以做到，人们只要开发出一个软件（尽管这个软件的开发极其艰苦，复杂）即可大量复制，为成千上万个用户服务。这就是软件的神奇之处。

二、软件的分类

（一）从计算机系统的分层角度

按照计算机系统的分层体系，通常将计算机软件分为系统软件、支撑软件和应用软件三种类型。

1. 系统软件

操作系统是典型的系统软件。操作系统涉及的内容繁多，是一种相当复杂的系统软件，如 Windows、Linux 等，其源代码规模在上百万至上千万行左右。系统软件不针对某一个特定的应用领域，它用于管理计算机资源，尽量隐藏硬件细节并为应用软件提供一个统一的平台，以支持应用软件的开发和运行。常用的系统软件包括操作系统（含通用操作系统、嵌入式操作系统等）、编译器、数据库管理系统、设备驱动程序以及通信处理程序等。

2. 支撑软件

支撑软件是协助各种软件开发和维护的软件，主要指在软件开发过程中使用到的开发工具和环境、建模工具、界面工具、项目管理工具、测试工具等软件。

3. 应用软件

应用软件是专为某种特定应用所编写的软件。它在系统软件的基础上实现用户所需要的功能。例如，我们常用的邮件收发软件、浏览器、文字处理软件、电子表格软件、演示文稿制作软件、游戏软件、多媒体播放软件等。

（二）从软件服务对象的角度

按照软件服务对象来分，计算机软件可分为通用软件和定制软件。

1. 通用软件

通用软件是由软件开发机构开发出来直接提供给市场或为大规模用户服务的公开出售或独立使用的软件产品，如操作系统、办公软件、财务处理软件、项目管理工具软件、绘图软件、媒体播放软件等。通用软件的功能设计要满足大规模用户普遍存在的共性需求，要参与市场竞争，通用软件的功能、性能、培训以及售后服务将是关键。

2. 定制软件

不同于通用软件，定制软件的功能设计要满足用户的个性化需求，它是由一个或多个软件开发机构受特定客户的委托，在合同约束下为满足客户需求而专门开发的软件，如军用防空指挥软件、机场空中指挥控制软件、金融机构的业务处理软件、天气预报软件、石油地震数据处理软件、卫星控制软件、高校教务管理系统等。定制软件在交付使用后还可能会根据用户需要做进一步的开发。

（三）从软件著作权的角度

1. 免费软件

免费软件是指不必支付任何费用，可以免费使用的软件。免费软件的源代码不一定会公开。通常情况下软件的使用者没有复制、修改和传播的自由，也不得转为其他商业。

2. 收费软件

收费软件指需要付费才可以使用的软件，这类软件受版权保护，不允许自由传播，否则会造成法律上的侵权。收费软件通常也称为商业软件。

3. 共享软件

共享软件更多体现的是一种营销模式，国外通常称之为“Try Before You Buy”，即“先试用，后购买”，让用户在付费之前先体验一下软件。共享软件受版权法保护，使用者可以从各种渠道免费获得它的拷贝，但需获得许可证后才可以自由传播。在试用期内可以免费使用但试用期过后如果不付费就要删除或停止使用。共享软件一般有次数、时间、用户数量的限制，不过用户可以通过注册（需要支付注册费）来解除这些限制。

4. 自由软件

自由软件的重点在于自由权，而非价格。根据自由软件基金会的定义，自由软件是一种可以不受限制地自由使用、复制、研究、修改、传播、买卖的软件。几乎所有的自由软件都是开放源代码的。大部分的自由软件都是在线（Online）发布，并且不收任何费用；也有自由软件是以离线（Offline）实体的方式发行，有时会酌情收最低限度的费用，如工本费等。

第三节　软件与程序

一、软件的三要素及其关系

软件一般由程序、数据及相关文档所组成。它们称为软件的三要素。

①程序：软件中的主要组成部分。程序是能指示计算机完成指定计算任务的命令序列，而这些命令称为语句或指令，它能被计算机理解并执行。

②数据：程序操作加工（或执行）的对象，同时也是操作加工（或执行）的结果。

③文档：软件开发、维护、使用的相关图文资料，是对软件的某种描述。

程序与数据是软件中的两个主要实体，它们具有相对抽象的特性，且不易被人们理解与认识，因此需要用文档加以描述。因而软件还需要有第三种组成部分，即文档。

软件三要素相互依赖、缺一不可，它们组成一个有机整体。但是这三者在软件中的地位与作用是不同的，具体来说，软件中这三者间的关系图如图2-2所示。

在软件中程序与数据是主体，有了这个主体后，软件即能在硬件支撑下运行。文档是对主体的必要说明，它在软件中起着辅助的但必不可少的作用，因此文档是软件中的辅体。

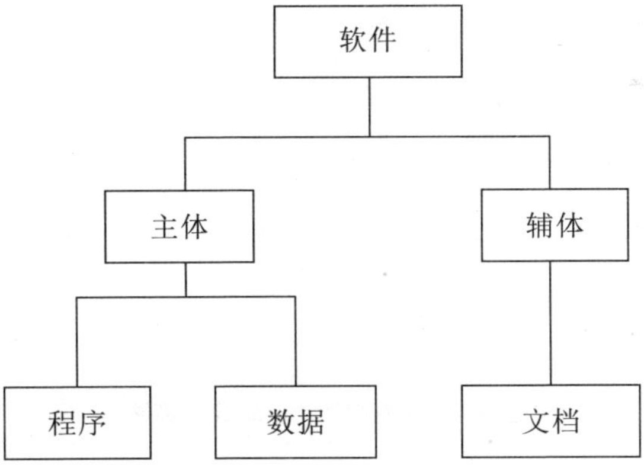

图 2–2　软件三要素的组成关系

目前在软件的主体中，程序与数据间的关系有两种模式。

（1）程序为中心的模式

在此模式中，软件以程序为中心组织运行，而数据则依附于程序，根据不同程序需要而组织不同数据。科学计算类软件中大多使用此类模式。如天气预报软件、石油勘探中物理探矿软件等均为此类模式。此类模式示意图如图 2-3 所示。

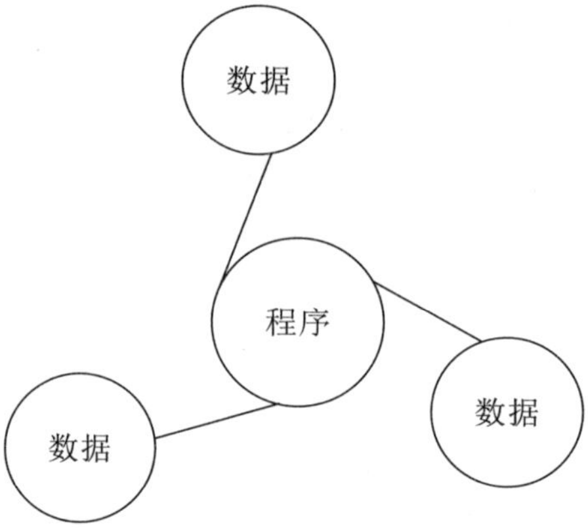

图 2-3　程序为中心模式示意图

（2）数据为中心模式

在此模式中，软件以数据为中心组织运行，而程序则依附数据，根据不同数据需要而组织不同程序以加工数据。数据处理类软件均使用此种式。如金融软件、办公自动化软件等均为此类模式。此类模式示意图如图 2-4 所示。

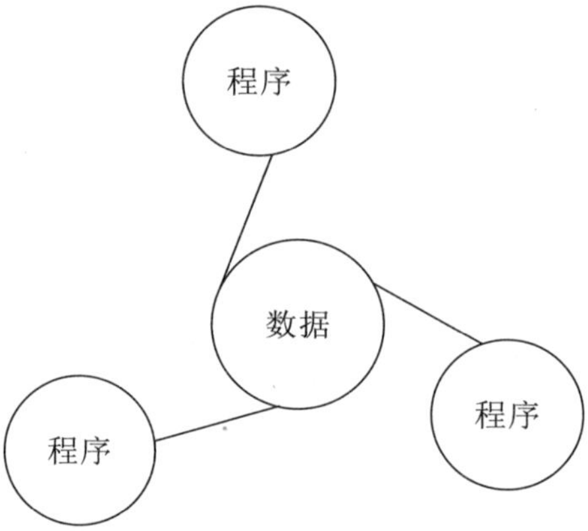

图 2-4　数据为中心模式示意图

二、软件发展的四个阶段

软件出现至今已有 60 余年历史，在发展过程中，它逐渐成长且不断地改变自己。一般来说它的发展历程包括如下 4 个阶段。

（一）软件初创期

软件初创期是软件发展的第一个阶段，时间从 20 世纪 50 年代至 20 世纪 60 年代初。自 1950 年冯 • 诺依曼机问世起就有程序与数据概念，那时即出现软件萌芽，最初软件是为了改变用户使用硬件的环境，使二进形式的计算机语言（即机器语言）改造成人类所能熟悉的语言——程序设计语言；同样，使二进制数改造成为人类所熟悉的十进制整数、实数等数据。

此阶段软件的发展主要表现为以下几点。

①程序设计语言的出现，其代表性的语言是汇编语言以及高级程序设计语言，如 FORTRAN、ALGOL 及 COBOL 等。

②数据结构的出现，包括在二进制数之上的十进制数整数、实数类型、字符类型等数据类型以及建立在数据类型上的数据结构，如线性结构、树结构等。

（二）软件发展期

软件发展期是软件发展的第二个阶段，时间从 20 世纪 60 年代至 20 世纪 70 年代。此阶段软件得到了全方位的发展，主要表现为以下几点。

①目前所使用的软件系统在软件发展期大部分均已出现，如操作系统、语言处理系统、数据库管理系统等系统软件以及工具软件、应用软件等。

②与软件发展的有关理论（如算法理论、数据理论等）均在此阶段出现并发展，为软件学科发展提供了理论指导。

③有关软件开发的方法及其相关研究——软件工程的出现与发展，为大型应用系统的开发提供了有效的方法。此阶段软件学科正式形成。

（三）软件成熟期

软件成熟期是指软件的成熟阶段，即软件发展的第三个阶段，时间从 20 世纪 70 年代末至今，是软件的收获季节。经过几十年的努力与奋斗，软件已取得重大成果，软件从思想、理论与方法，从研究到开发都告诉人们一个完整的软件学科体系已经建立，具体表现为如下几方面。

①系统软件基本定型：系统软件中的操作系统、数据库管理系统及语言处理系统经过不断竞争与发展已基本定型，Windows、UNIX 及 Linux 等操作系统脱颖而出，成为其代表性产品；而数据库产品则以 Oracle 及 SQL Server 等为代表在程序设计语言中，C、C++ 与 Java 已成为最常用的开发工具。

②支撑软件出现并趋向成熟：工具软件及接口软件出现，并逐渐趋于成熟，中间件的出现，使支撑软件成为独立于系统软件与应用软件间的新的软件类型。

③应用软件普及：计算机应用由初期的科学计算领域到数据处理领域，进一步扩充到多媒体领域、控制领域以及智能领域五大领域，相关应用软件

也在这5个领域内普及使用。

④软件形成理论体系：在对软件研究的基础上已形成一套完整的理论体系，包括算法理论与数据理论。

⑤软件开发方法成熟：在大型应用软件系统的开发技术与方法的研究上取得了重大的成果，软件开发的技术与方法已趋向成熟。

（四）网络软件发展期

前三个阶段是单机集中式软件的三个发展阶段，至20世纪80年代已走向稳定成熟。但是与此同时，计算机网络应用已日渐普及，相应地也刺激了建立在网络上的软件的发展，建立在网络上的软件称为网络软件。相对网络软件而言，过去的软件可称之为传统软件。网络软件是传统软件的一种网络化扩充，目前的计算机应用几乎都是网络软件的应用。自20世纪80年代至今，网络软件开始发展，目前仍处在高速发展之中，与此同时，传统软件也正在与之并行发展。

三、软件与程序的关系

“软件就是程序，软件开发就是编写程序”，这是一个错误的观点。在“软件”这个概念产生的初期，软件就是程序，程序就是软件。随着软件规模的扩大，软件就不仅仅是程序了。

我们可以将软件与程序的关系简单地理解为百人大合唱和一个人的独唱。首先合唱和独唱涉及的人员数目有显著的差异，其次独唱是个人艺术，它将拥有符合自身的音色和独特风格作为目标。而合唱是一门合作的艺术，每个成员都唱同一首歌曲，但可能是不同的声部和音调，需要明确的分工和复杂面规范的乐谱，同时为展现美妙的合唱效果，还需要每位成员彼此合作，因此合唱将每位成员发声状态、音色、表达情感等方面的和谐统一作为目标，它强调共性而不是个性，不仅涉及声部、音色等技巧，还涉及管理艺术。

上面就软件和程序的关系做了一个简单的比喻，其实从软件和程序的形式化表示也可以看出两者的关系：

软件 = 程序 + 数据 + 文档

程序 = 数据结构 + 算法

由上述的表示可以看出，程序是软件的重要组成部分。为了让计算机做某件事，需要告诉它如何做，使用程序设计语言对“如何做”进行的描述就是程序。运行在计算机上的程序集合就可以看成软件。软件通过程序来运行。

软件相对程序要复杂得多，单从概念上看就是如此，软件的概念具有层次性：作为个体而言，软件是程序、数据和文档的总称；在计算机系统的层面上，软件是相对硬件的概念。此外，软件还具有“产品”“产业”“学科”层面上的概念。而程序通常只有“技术”层面上的概念。

四、程序运行在软件中的重要性

程序、数据与文档在软件中虽然重要，但是它们都是静态物件，不管放置在何处均不具有任何价值。既不像艺术品具有观赏价值，又不像黄金、白银具有财富价值。它们像汽车，在行驶中才能产生价值；像电视机，在收看时才具有效益。它们的真正价值在于动态的运行。

在计算机中，运行的物理基础是硬件，而运行的主体是程序，程序运行的主要工作是加工数据，而运行的最终目标是由原始数据经不断加工而得的结果数据。在运行过程中还需要用户参与，用户根据文档的提示组织管理运行。图 2-5 给出了程序、数据及文档在程序运行中的动态关联关系。在程序运行中还涉及硬件与用户，这五者以程序运行为纽带组织成为一体。

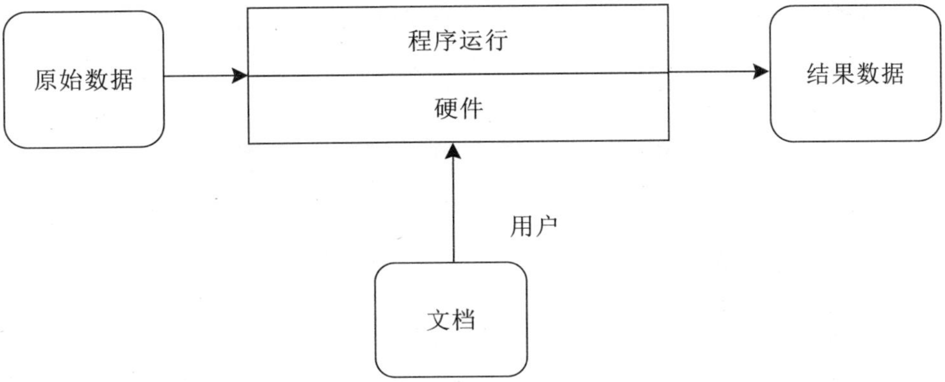

图 2-5　程序运行中软件三要素的关系

五、软件开发和程序设计

在计算机技术发展的早期，软件开发过程主要就是程序设计的过程。随着软件技术的发展，软件系统越来越复杂，软件开发的内容越来越丰富，软件开发不再只是纯粹的程序设计。程序设计主要指编写程序，它是以某种语言为工具来书写程序的过程，或者说使用某种程序设计语言来描述要处理的数据以及数据处理的过程。程序设计只是软件开发所应完成工作中的一小部分，是软件系统的具体实现。

一般的软件开发过程都包括问题提出（明确用户到底面临什么问题）、可行性分析（分析对这个问题是否有行得通的解决方案）、建立软件需求模型（弄清楚用户对软件有什么具体需求）并编写软件需求说明书、软件设计（包括概要设计和详细设计）并编写软件设计说明书、软件实现（编写程序）、软件测试（测试是否符合用户的需求并且质量合格）、软件实施（辅导用户使用）等。

软件开发不等于编写程序，同样，软件设计也不是编写程序，它不等同于程序设计。软件设计是软件开发过程中的一个关键环节。它是需求模型与软件编码之间的桥梁，是将需求向程序逐步转换的过程。

软件设计的目标是构建高质量的软件设计模型，通俗地讲就是要描述软件“如何做”。

软件设计的首要任务是根据软件需求说明书确定软件的总体结构，然后针对总体结构中的每个软件模块进行详细设计，并最终获得高质量的软件设计模型。通常，一个完整的软件设计过程包括策划、体系结构设计、人机交互设计（或界面设计）、详细设计、总结评价等。其中的体系结构设计主要确定该软件系统由哪些模块组成、模块划分的质量评估以及这些模块的功能、模块之间的接口和调用关系。详细设计则是确定每一个模块的实现算法、算法的性能以及算法使用的数据结构设计、数据库设计等。

第四节　软件危机和软件工程

一、软件危机

软件危机（Software Crisis）是早期计算机科学的一个术语，是指在软件开发及维护的过程中所遇到的一系列严重问题，这些问题皆可能导致软件产品的使用寿命缩短，甚至夭折。软件开发是一项高难度、高风险的活动，由于它的高失败率，故有所谓软件危机之说。软件危机的本源是复杂期望和改变。这个术语用来描述正急剧增加的计算机的力量带来的冲击和可能要处理的问题的复杂性。从本质上来说，软件危机表明了写出正确、可理解、可验证的计算机程序的困难。

（一）软件危机的表现与问题

软件危机表现在如下几方面：项目运行超出预算；项目运行超过时间；软件质量低下；软件通常不符合需求；项目无法管理，且代码难以维护硬件成长率每年大约 30%，每年只勉强以 4% ~ 7% 的速度成长，信息系统的交付日期一再延后，许多待开发的软件系统无法如期开始。

1962 年 6 月，美国飞向金星的第一个空间探测号（水手 1 号），因其飞舱中的计算机导航程序之一的一个语句的语义出错，使探测号总是偏离航线无法取得成功。1965—1970 年，美国范登堡基地因程序有错误造成发射火箭多次失败。

美国银行 1982 年进入信托商业领域，并规划发展信托软件系统。项目原定预算 2 000 万美元、开发时程 9 个月，预计于 1984 年 12 月 31 日以前完成，后来到 1987 年 3 月都未能完成该系统，期间已投入 6 000 万美元。美国银行最终因为此系统不稳定而不得不放弃，并将 340 亿美元的信托账户转移出去，并失去了 6 亿美元的信托生意商机。

类似上述案例的一系列与软件相关的问题在计算机系统的整个发展过程中一直存在着，而且这些问题还会继续恶化。

①硬件的发展一直超过软件，使得开发的软件难以发挥硬件的所有潜能。

②开发新程序的能力远远不能满足人们对新程序的需求，同时开发新程序的速度也不能满足商业和市场的要求。

③计算机的普遍使用已使得社会越来越依赖于可靠的软件。如果软件失败，则会造成巨大的经济损失，甚至有可能给人类带来灾难。

④我们一直在不断努力开发具有高可靠性和高质量的计算机软件。

⑤拙劣的设计和资源的缺乏使得我们难以支持和增强已有软件。

（二）软件危机产生的原因

1. 用户需求不明确

用户需求不明确主要体现在四个方面：在软件开发出来之前，用户自己也不清楚软件开发的具体需求；用户对软件开发需求的描述不精确，可能有遗漏、有二义性，甚至有错误；在软件开发过程中，用户还提出修改软件开发功能、界面、支撑环境等方面的要求；软件开发人员对用户需求的理解与用户本来的愿望有差异。

2. 缺乏正确的理论指导软件开发

软件开发缺乏有力的开发方法和工具方面的支持。由于软件开发不同于大多数其他工业产品，其开发过程是复杂的逻辑思维过程，其产品极大程度地依赖于开发人员高度的智力投入。由于过分地依靠程序设计人员在软件开发过程中的技巧和创造性，加剧了软件开发产品的个性化，这也是发生软件开发危机的一个重要原因。

3. 软件开发规模越来越大

随着软件开发应用范围的扩大，软件开发规模越来越大。大型软件开发项目需要组织一定的人力共同完成，而多数管理人员缺乏开发大型软件开发系统的经验，而多数软件开发人员又缺乏管理方面的经验。各类人员的信息交流不及时、不准确，有时还会产生误解。软件开发项目的开发人员不能有效地、独立自主地处理大型软件开发的全部关系和各个分支，因此容易产生疏漏和错误。

4. 软件开发复杂度越来越高

软件开发不仅仅是在规模上快速地发展扩大，其复杂性也急剧增加。软件开发产品的特殊性和人类智力的局限性，导致人们无力处理“复杂问题”。所谓“复杂问题”的概念是相对的，一旦人们采用先进的组织形式、开发方法和工具提高了软件开发效率和能力，新的、更大的、更复杂的问题又将摆在人们的面前。

二、软件工程

软件工程学借鉴了硬件工程和其他人类工程中的许多成功经验，是工程概念在软件领域中的一个特定应用。软件工程学是一门研究计算机软件开发过程、方法和工具的学科，同时也是一门交叉学科，它与许多学科有着千丝万缕的联系，如工程学、数学、计算机科学、管理学、经济学、心理学等。

软件工程是为了解决软件危机而提出来的。软件工程研究如何使用工程化的方法，构建和维护有效、实用和高质量的计算机软件。简单地说，软件工程倡导软件开发要走工程化的道路，软件的开发和维护需要有规范化的过程来控制和管理。

在软件的开发过程中要采用工程的概念、原理、技术和方法，并将管理技术和当前最先进的技术方法结合起来。软件工程帮助人们建立规范的软件开发过程、指导和支持软件系统的生产活动，以期达到降低软件生产成本、改进软件产品质量，并最终实现软件工业化生产的目标。

（一）软件工程研究的主要内容

①软件开发技术：包括软件开发方法、开发过程、软件开发工具和环境。

②软件管理技术：主要研究软件管理学、软件经济学、软件心理学，具体包括项目估算、项目计划、人员组织、进度控制、配置管理、软件度量等内容。

（二）软件工程的三要素

①方法：提供“如何做”的技术。例如，如何制订项目计划、如何进行需求分析、如何进行详细设计、如何测试等。

②工具：为方法提供软件支撑环境。在软件开发的不同阶段可以使用不

同的工具，如需求分析工具、设计工具、编码工具、测试工具等。

③过程：划分为若干阶段，并定义了每个阶段的先后顺序以及完成标志。具体地说，过程定义了方法的使用顺序、要求交付的文档、管理技术、软件开发各个阶段的成果。

（三）软件工程的主要特点

①强调规范化：对软件开发全过程实行规范化的管理。

②强调文档化：文档化不仅完整记录了软件开发过程，使得软件开发过程由不可见变为可见，而且也便于相关人员的交流沟通，便于对进度和过程进行管理，同时也是验收、质量检查的标准和依据。

（四）软件工程的主要原则

①抽象：抓大放小，求同存异，找交集。抽取事物的本质特征或共性，而不是细节或差异。

②自顶向下，逐步求精：强调渐进地解决问题，将要解决的复杂问题进行纵向分解。

③分解与模块化：分解即分而治之，大事化小，小事化了，将复杂问题简单化。将问题横向分解成较易解决的模块，这样有助于信息隐藏和抽象。

④信息隐藏：定义模块时尽可能将内部细节和内部处理隐藏在模块内。每个模块的实现细节对其他模块是隐蔽的，这样做的好处是，当修改软件时，修改的范围仅局限在若干个模块内部，不会波及整个软件的所有模块。

第五节 软件标准和软件法规

一、软件标准

（一）软件工程标准化意义

软件工程标准化是软件工程中的重要内容，其主要目的是保证软件质量、有利于相互交流标准化的规范制定与推广，一般由政府机构及权威性民间机构实施。

软件工程是一种复杂的系统工程，需要有多个阶段及多种人员参加，为保证所有参与者统一协调、统一交流与统一行动，需有一个统一遵守的约束与规定，这就是标准。在软件工程的所有活动中均需按标准进行，这就是软件工程的标准化。

软件工程标准化可给软件工作带来很多好处：可以提高软件开发质量；

有利于软件工作人员相互交流；有利于缩短软件开发周期；有利于软件管理；有利于降低软件开发成本及运行维护成本。

（二）软件标准

我国的国家标准化管理委员会从1988年开始相继颁布了与软件相关的各种标准，目前在使用的有100多种标准，根据标准制定的机构和标准的适用范围将标准划分为5个层次：国际标准、国家标准、行业标准、企业标准、项目标准。

1. 国际标准

国际标准是由国际相关机构制定和公布，提供各国参考的标准。国际标准化组织（International Standards Organization，ISO）有着广泛的代表性和权威性，它所公布的标准也有较大的影响。20世纪60年代初，该机构建立了“计算机与信息处理技术委员会”，简称ISO/TO97，专门负责与计算机有关的标准化工作。该组织所制定的标准通常冠有ISO字样。

2. 国家标准

国家标准是由政府或国家级的机构制定或批准，适用于国家范围的标准，如以下几项标准。

①美国国家标准化协会（American National Standards Institute，ANSI）。这是美国标准化组织机构，它在国际上具有一定的权威性，所公布的标准均冠有ANSI字样。

②美国商务部国家标准局联邦信息处理标准（Federal Information Processing Standards Bureau of Standards，FIPS（NBS））。它所公布的标准均冠有FIPS字样。

③英国标准（British Standard，BS）。

④德国标准（Deutsches Institut Fur Normung，DIN）。

⑤日本工业标准（Japanese Industrial Standard，JIS）。

⑥中华人民共和国国家技术监督局是中国的最高标准化机构，它所公布实施的标准称为国家标准，简称“国标”，冠以“GB”字样。它目前已批准了若干个软件工程标准。

下面列举一些与软件有关的国标。

①《信息技术 软件工程术语》（GB/T 11457—2006）。

②《信息处理 程序构造及其表示的约定》（GB/T 13502—1992）（ISO 8631）。

③《计算机软件文档编制规范》（GB/T 8567—2006）。

④《信息安全技术 具有中央处理器的 IC 卡嵌入式软件安全技术要求》（GB/T 20276—2016）。

⑤《信息技术 软件维护》（GB/T 20157—2006）。

⑥《中文办公软件文档格式规范》（GB/T 20916—2007）。

⑦《中文办公软件应用编程接口规范》（GB/T 21026—2007）。

⑧《计算机软件可靠性和可维护性管理》（GB/T 14394—2008）。

⑨《计算机软件需求规格说明规范》（GB/T 9385—2008）。

⑩《三维 CAD 软件功能规范》（GB/T 25108—2010）。

⑪《快速成形软件数据接口》（GB/T 25632—2010）。

⑫《中文办公软件基本要求及符合性测试规范》（GB/T 26856—2011）。

⑬《软件系统验收规范》（GB/T 28035—2011）。

⑭《嵌入式软件 C 语言编码规范》（GB/T 28169—2011）。

⑮《嵌入式软件可靠性测试方法》（GB/T 28171—2011）。

⑯《轨道交通 通信、信号和处理系统 控制和防护系统软件》（GB/T 28808—2012）

⑰《系统与软件易用性 第 1 部分：指标体系》（GB/T 29836.1—2013）。

⑱《系统与软件可靠性 第 1 部分：指标体系》（GB/T 29832.1—2013）。

⑲《系统与软件效率 第 3 部分：测试方法》（GB/T 29835.3—2013）。

⑳《系统与软件易用性 第 3 部分：测评方法》（GB/T 29836.3—2013）。

㉑《信息技术 应用软件系统技术要求 第 1 部分：基于 B/S 体系结构的应用软件系统基本要求》（GB/T 30882.1—2014）。

㉒《系统和软件工程 生存周期管理 过程描述指南》（GB/T 30999—2014）。

㉓《软件工程 用于互联网的推荐实践 网站工程、网站管理和网站生存周期》（GB/T 30971—2014）。

3. 行业标准

由行业机构、学术团体或军事机构制定，并适用于某个业务领域的标准，例如：

①美国电气与电子工程师学会标准（Institute of Electrical and Electronics Engineers，IEEE）。该学会专门成立了软件标准分技术委员会，积极开展了软件标准化活动，取得了显著效果，受到了软件界的关注与重视。

② GJB—中华人民共和国国家军用标准。这是由中华人民共和国国防技术工业委员会批准，适合于国防部门和军队使用的标准。

③美国国防部标准，适用于美国国防部门（Department of Defense-STanDards，DOD-STD）。

④美国军用标准（MILitary-Standard，MIL-S），适用于美军内部。

此外，近年来中国许多经济部门都开展了软件标准化工作，制定和公布了一些适合于本部门工作需要的规范。这些规范大都参考了国际标准或国家标准，对各自行业所属企业的软件工程工作起了有力的推动作用。

4. 企业标准

一些大型企业或公司由于软件开发工作的需要，制定适用于本部门的软件开发规范。例如，美国 IBM 公司通用产品部（General Products Division）于 1984 年制定《程序设计开发指南》，仅供该公司内部使用。

5. 项目标准

由某一科研生产项目组织制定，且为该项任务专用的软件工程规范。例如，我国计算机集成制造系统的软件工程规范。

（三）我国的软件工程标准

我国的软件工程标准化工作一直由国家主导，从 1983 年起到目前为止已陆续制定与发布的国家标准主要有四类。

1. 基础标准

基础标准是软件工程中最基本的标准，共有 5 项。

①《信息技术 软件工程术语》（GB/T 11457—2006）。

②《信息处理 数据流程图、程序流程图、系统流程图、程序网络图和系统资源图的文件编制符号及约定》（GB/T 1526—1989）。

③《信息处理 程序构造及其表示的约定》（GB/T 13502—1992）。

④《信息处理 单命中判定表规范》（GB/T 15535—1995）。

⑤《信息处理 系统计算机系统配置图符号及约定》（GB/T 14085—1993）。

2. 开发标准

开发标准主要用于软件开发，共有 2 项。

①《信息技术 软件生存周期过程》（GB 8566—2007）。

②《计算机软件测试规范》（GB/T 15532—2008）。

3. 文档标准

文档标准主要用于文档书写，共有 4 项。

①《系统与软件工程 用户文档的管理者要求》（GB/T 16680—2015）。

②《计算机软件文档编制规范》（GB/T 8567—2006）。

③《计算机软件需求规格说明规范》（GB/T 9385—2008）。

④《计算机软件测试文档编制规范》（GB/T 9386—2008）。

4. 管理标准

管理标准主要用于软件工程管理，共有 5 项。

①《系统与软件工程 系统与软件质量要求和评价（SQuaRE）第 10 部分：系统与软件质量模型》（GB/T 25000.10—2016）。

②《软件工程 产品质量 第 2 部分：外部度量》（GB/T 16260.2—2016）。

③《软件工程 产品质量 第 3 部分：内部度量》（GB/T 16260.3—2016）。

④《软件工程 产品质量 第 4 部分：使用质量的度量》（GB/T 16260.4—2016）。

⑤《计算机软件可靠性和可维护性管理》（GB/T 14394—2008）。

二、软件法规

（一）相关法律法规

为了保护计算机软件著作权人的权益，调整计算机软件在开发、传播和使用中发生的利益关系，鼓励计算机软件的开发与应用，促进软件产业和国民经济信息化的发展，我国制定了以下一系列的相关法律、法规。

①《中华人民共和国著作权法》。

②《中华人民共和国著作权法实施条例》。

③《计算机软件著作权登记办法》。

④《计算机软件保护条例》。

⑤《中华人民共和国专利法》。

⑥《中华人民共和国商标法》。

⑦《中华人民共和国标准化法》。

⑧《软件出口管理和统计办法》。

⑨《中华人民共和国电子签名法》。

⑩《电子认证服务管理办法》。

⑪《中华人民共和国计算机信息系统安全保护条例》。

⑫《计算机病毒防治管理办法》。

⑬《商用密码管理条例》。

⑭《国家软件产业基地管理办法》。

⑮《软件产品登记管理办法》。

⑯《中国软件行业基本公约》（由中国软件行业协会负责解释）。

（二）《计算机软件保护条例》

此条例的制定根据《中华人民共和国著作权法》（2010 年修正，以下简称《著作权法》）第五十九条：计算机软件、信息网络传播权的保护办法由国务院另行规定。

软件产业是国民经济和社会信息化的基础性、战略性产业。当今社会已经步入信息时代，计算机软件可以说是无处不在。大到金融行业、交通行业的信息系统，小到百姓使用的电视、冰箱等家用电器，哪样都少不了计算机软件。计算机软件技术及其产业早已超越了技术和产业的范围，对整个国民经济乃至科技文化、国防等多个方面都发挥着极其重要的作用。因此促进软件产业和国民经济信息化的发展是包括我国在内的世界各国的必然选择，也是此条例的立法宗旨。

与传统的农牧产品和工业产品不同，计算机软件是一个典型的高度凝聚研究开发者和相关创新者智力劳动成果的产品。计算机软件从研究、开发、传播到使用都要投入大量人力、物力以及巨额资金的支持。而且，计算机软件被成功地、有效地使用将给使用者带来十分明显的好处，产生直接或间接的效益。同时，计算机软件又是一个典型的信息形态的产品，它十分容易被复制并且复制成本极低，这就决定了难以按照传统工业产品、农牧产品的模式来体现计算机软件的价值，难以规范、平衡计算机软件在开发、传播和使用整个产业链中发生的各种利益。

计算机软件的固有特点决定了其应该通过知识产权来体现价值，调整其产品链中发生的利益关系，使计算机软件的开发和应用形成一个良性循环，使以软件的开发创新为核心的软件产业以及国民经济信息化得以不断发展，并且进一步促进国民经济持续、健康、快速发展。知识产权法律制度包括专利、著作权（版权）和商标等各个领域。

本条例明确规定了软件著作权的保护，条例的立法依据是《著作权法》。根据《著作权法》第 3 条第 8 项的规定，计算机软件是著作权法保护的作品之一。另根据《著作权法》第 59 条规定，此条例属于著作权法配套的法规。采取这样的法律形式是考虑到条例可以在遵循著作权法的基本原则和基本规定的基础上根据计算机软件的特点，进行了适当的调整，有利于法律的贯彻执行，也便于今后针对技术的发展不断修改。实践证明，我国法律体系的这种做法既符合国际普遍规则，又比较切合我国国情。

此条例规定的是计算机软件最基本和最普遍的著作权保护制度。它并不排斥计算机软件也可以依照专利、商标、商业秘密等其他知识产权保护。而且，多种法律保护相互是不冲突的，它们各自保护计算机软件的各个方面。例如，专利保护的是有关计算机软件中的发明，商标保护的是计算机软件的商标，商业秘密保护的是计算机软件内含的有关技术信息和经营信息。

第六节 软件许可证

一、软件的版权与许可证

软件是开发者智慧的结晶，应当受到法律的保护。大多数软件都会在某一个界面上有版权声明，版权是法律保护的一种形式，它保障了软件原创者独享复制、发布、出售和修改其作品的权利。除了在版权法规规定的某些特殊情况之外，购买者是不享有这些权利的。除了版权保护之外，计算机软件常常还受软件许可证条款的保护，也就是说软件的使用者需要从权力机构获得软件许可证，才可以使用这个软件。软件许可证其实就是授权条款或许可协议，它是由相关机构颁发的、以合同的形式由软件作者与使用者共同签订的权利证明，其中规定和限制了使用者使用软件的权利以及作者应尽的义务。简单地说，软件许可证就是规定了计算机软件使用方式的法律合同。

常见的软件许可证有以下几种。

1. 通用公共许可证

通用公共许可证（General Public License，GPL）允许软件开放源码、免费使用和引用、修改以及衍生代码的开源和免费使用，但不允许修改或衍生的软件作为商业软件进行发布和销售。但通用公共许可证具有相当强的“传染性”，如若想把一个采用通用公共许可证的软件经过修改后再次发布，那么修改后的这个软件产品也必须采用通用公共许可证。Linux 就是采用通用公共许可证。

2. GNU 宽通用公共许可证

（GNU Lesser General Public License，GNU LGPL）是为使用通用公共许可证的类库而设计的开源协议。采用 GNU 宽通用公共许可证的开源代码可以被商业软件作为类库来引用并发布和销售，而且引用类库的商业软件不需要开放自己的源码。

但是，如果修改 GNU 宽通用公共许可证的代码或者衍生了新的代码，则所有涉及修改的代码和衍生的代码都必须采用 GNU 宽通用公共许可证。通用公共许可证和 GNU 宽通用公共许可证都可以保障原作者的知识产权，避免有人利用开源代码复制并开发类似的产品。

3. BSD 许可证

BSD 许可证（Berkeley Software Distribution License）相对通用公共许可证宽松许多，在尊重代码原作者著作权的同时，鼓励代码共享并给予软件使用者很大的自由。使用者可以自由使用修改源代码，也可以将修改后的代码作为开源或者转为商业用途。如微软的产品中引入了 BSD 网络部分的源码，修改后则作为微软自己的软件出售，BSD 允许对源代码修改后再次发布时仅包含许可证而不必再次开放源代码。但这样做需要满足三个条件。

①如果再发布的产品中包含源代码，则在源代码中必须带有原来代码中的 BSD 协议。

②如果再发布的只是二进制类库或软件，则需要在类库或软件的文档和版权声明中包含原来代码中的 BSD 协议。

③不可以使用开源代码的作者或机构的名字以及原来产品的名字进行市场推广。

4. MIT 许可证

MIT 许可证之名源自麻省理工学院（Massachusetts Institute of Technology，MIT），又称“X 许可证”（X License）或“XIT 许可证”（XIT License）。MIT 许可证是所有开源许可中最宽松的一个，除了必须包含许可声明外，再无任何限制。其内容与 BSD 许可证内容颇为相似，但是赋予软件被授权人更大的权利和更少的限制。软件作者只想保留版权，而没有其他任何限制。被授权人可以修改条款中的适当内容，但必须在发行的软件中包含原许可证的声明，无论该软件是以二进制发布还是以源代码发布。

5. Apache 许可证

该许可证与 BSD 许可证类似，是著名的非营利开源组织 Apache 采用的协议。Apache 许可证也鼓励代码共享和尊重原作者的著作权。需要满足的条件也与 BSD 许可证类似。

①需要给代码的用户一份 Apache 许可证

②如果修改了代码，需要在被修改的文件中说明。

③在修改或有源代码衍生的代码中，要带有原来代码中的协议、商标、专利声明和其他原作者规定需要包含的说明。

④如果发布的产品中包含一个备忘录（Notice）文件，则在备忘录文件中也要带有 Apache 许可证。

6. MPL

MPL（Mozilla Public License）是1998年年初Netscape公司的Mozilla小组为其开源软件项目设计的软件许可证。MPL允许被修改、无偿使用，包括免费重发布、免费修改等，但要求修改后的代码版权要归软件的原始开发者所有。这种授权维护了商业软件的利益，它要求基于这种软件的修改要无偿贡献版权给该软件。这样，围绕该软件所有代码的版权都集中在原始开发者手中。

二、软件著作权的使用许可

软件使用许可就是许可他人行使软件著作权的，应当订立许可使用合同。许可使用合同中软件著作权人未明确许可的权利，被许可人不得行使。

相关法律依据是《著作权法》。第二十四条规定：使用他人作品应当同著作权人订立许可使用合同，本法规定可以不经许可的除外。

国务院《鼓励软件产业和集成电路产业发展的若干政策》（国法〔2000〕18号）第三十三条：为了保护中外著作权人的合法权益，任何单位在其计算机系统中不得使用未经授权许可的软件产品。

使用许可制度在知识产权领域被广泛采用。由于知识产权保护对象是种无形财产，因而它可以同时为多个人所占有。例如，一项专利技术在被公开之后可能有无数人知晓其内容；同样地，一套软件也可能被众多的客户同时使用。在法律上，“一物一权”的原则被广泛地遵守着，在知识产权领域也是如此，即一套软件的所有权只能有一个。但由于智力成果是一种无体财产，可以同时被多人同时占有和使用。为了充分实现其社会价值，便产生了使用许可合同制度。

所谓使用许可，是指权利人与使用人之间订立的确立双方权利义务的协议，依照这种协议，使用人不享有所有权，但可以在协议约定的时间、地点，按照约定的方式行使使用权。例如，专利权人可以通过许可合同，许可他人使用其专利技术；商标权人也可以许可他人使用其商标；作家可通过许可合同，授权出版社出版发行其作品等。这种使用合同不同于权利转让，不发生所有权的转移或者所有权人的变更。现实中，软件作为一种无形财产广泛使用这种许可。当今大多数的软件交易形式都采取著作权的使用许可形式，如经销许可、复制生产许可。通常，在软件商店购买一套软件，或者在购买计算机时随机附送的系统软件，购买者所获得的不是该软件的所有权或者著作权，而仅仅是在计算机上运行使用权。在这一交易中所产生的关于软件的合同即是针对用户的软件使用许可合同。

法律规定，软件著作权人享有发表权、署名权、修改权、复制权、发行权、出租权、信息网络传播权等一系列专有权利。根据使用人（被许可方）的不同需要和软件著作权人的意愿，许可形式的权利是不一样的，这在许可合同中必须明确。例如，针对软件经销商的是发行权的许可，针对最终用户的是复制权的许可等。凡是合同中未明确许可的权利，被许可人不得行使。

使用许可的种类有很多，根据不同的分类方法可以将其分为不同的种类。按照被许可使用权的排他性强弱不同，使用许可有以下三种方式。

第一，独占使用许可。当软件著作权人许可他人享有独占使用许可权利后，便不得再许可任何第三人使用该软件，并且软件著作权人自己在该独占使用许可有效期间也不得使用该软件，只有被许可人一人使用该软件。这种使用许可的排他性比其他各种使用许可都强，现实中只有少数对软件经销许可采用这种许可方式，极少对软件用户采用这种许可方式。

第二，排他使用许可。当权利人向被许可人授予排他许可权利之后，依约不得再向任何第三人发放该软件的使用许可，但软件著作权人仍然可以使用该软件。这种使用许可的排他性较之独占使用许可方式显然要弱一些。采用这种许可方式，在同等条件下，被许可人所付出的代价也相对较低。现实中，一般也不对软件用户采用这种许可方式。

第三，普通使用许可。普通使用许可是最为常见的使用许可方式，被许可人除了享有自己使用的权利之外，并不享有任何排他权利。软件著作权人可以不受限制地向多数人发放这种许可。目前，通过市场上购买的各种商品化软件的使用权都属于这种普通许可。

第三章　计算机软件技术现状与发展趋势

我国计算机软件技术经过长期发展和探索创新已处于世界领先水平，越来越受到人们的青睐。现如今计算机软件应用非常广泛，逐渐渗透到了人们生活中的各个领域，然而由于计算机技术发展迅猛，相应的弊端也浮现出来，这就需要有关研发部门不断加大对计算机软件的探索和研究。

第一节　计算机软件技术的发展现状

一、中国和美国的重大软件计划

各国政府相继启动国家级的重大软件技术计划，基础软件和软件开发方法研究都成为这些国家级计划中优先推荐或重点发展的内容。

（一）中国

①以市场为导向，以国民经济发展需要和信息安全为出发点，实施软件产业化专项工程，建成我国软件产业体系。重点支持自主的、安全的中文操作系统软件开发，大力支持技术开发平台、数据库管理系统、中文处理系统和网络管理系统等支撑软件的开发与生产。大力开发嵌入式软件与系统。

②改进软件的传统开发方法和管理方式，推进以构件为基础的软件工业化生产。有重点的支持软件园区的建设和骨干软件企业的发展。加强对软件企业能力成熟度的管理。

③对于应用软件，主要是创造良好的政策环境，鼓励各种所有制的企业参与应用软件的开发和社会服务。大力支持管理信息系统软件，企业管理软件，工业控制软件，CAD/CAM 软件，金融、财税、商业与保险业软件，信息服务软件，教育娱乐及多媒体软件，网络与信息安全、保密软件的开发生产。开发系统集成软件，增强承担重大系统工程软件开发与系统集成的能力。大力支持信息服务业的发展。

④大力鼓励软件国际化和软件出口。积极推广具有自主知识产权和品牌

的软件，扩大国产软件的市场占有份额。

（二）美国

美国总统信息技术顾问委员会将软件的重点放在如何提高生产率以及提高软件和系统的可靠性方面，具体包括以下几个方面。

1. 软件设计和生产能力

①复杂系统的软件。

②自治系统的软件：嵌入式的软件控制；基于智能体的软件。

③大规模传感网络。

④软构件。

⑤嵌入式软件。

⑥网络化的嵌入式软件。

2. 高可靠软件和系统

①美国国家安全局：高可信计算平台（HACP）；安全管理基础设施（SM）；主动网络防御；安全通信；网络安全工程。

②美国国防高级研究计划局的标准方法。

③需求说明。

④算法和协议设计。

⑤程序分析。

⑥ NIST 高可信互联网的安全问题。

⑦ IP 安全。

⑧活动代理的安全和侵入检测。

⑨对软件故障和失效数据的分析。

概言之，也即在计算机技术和网络技术飞速发展的背景下，加速研制基于网络的分布协同的软件环境；在信息资源建设和信息应用开发的强烈需求牵引下，把提高系统的好用性和可靠性放在首位；在对以往软件技术的实际应用效果分析评估下，进一步挖掘面向对象（面向智能主体）技术的潜力，尽快突破中间件、资源聚合等的关键技术。

二、系统软件研究开发现状

作为计算机系统中最靠近硬件层次的软件，系统软件包括操作系统、数据库管理系统以及诸如应用服务器等的中间件。下面将分别对各类系统软件的研究发展现状予以阐述。

（一）操作系统研究开发现状

操作系统是管理硬件资源（处理器、存储器、显示器、打印机等）、控制应用软件运行、改善人机界面并为应用软件提供支持的软件。操作系统向高层应用软件提供编程接口，为用户方便地开发应用系统提供了基础。操作系统的形成与发展伴随了计算机发展的历程。

第一代电子管计算机速度慢，外设少，规模小，程序的执行由程序员直接控制，那时还没有操作系统。

第二代晶体管计算机的速度有了大幅度的提高，外设也大为增加，操作员直接控制程序执行的不足逐步显现了出来。特别是，手工操作速度慢，严重制约了计算机的执行效率；当需要运行一个作业时，程序员先将程序写在纸上，然后转换成穿孔卡片，再将卡片送给操作员，操作员负责控制计算机读入卡片，并进行计算过程；计算机执行完任务后，操作员从打印机上获得计算结果，将其交给程序员。这样，从程序员角度看，计算机的一个计算时间可能是计算机具体执行时间的 2~3 倍，大量的时间浪费在操作员的手工上。在这种背景下，操作系统于 1960 年前后出现了。最早的操作系统是一种管理程序（Monitor），主要用于控制输入与输出设备（如磁带）、接收操作员输入的命令等。通过将大批量的作业从卡片读取到磁带上，计算机依次读取磁带上具有一定结构与信息的作业，根据作业控制信息，加载、运行作业，并将结果输出到磁带上，从而大大提高了计算机的利用效率。

第三代集成电路计算机出现时，操作系统的功能有了明显的增加。特别是，通过在内存中同时存放多个作业，此时的操作系统开始支持多道程序设计，开始支持分时处理方式，程序员可以通过各自的终端设备同时向一台计算机提交任务。计算机根据它们所需要的资源，在操作系统的调度下，交替为它们服务，以最大程度地利用计算机的资源。在这个时期，诞生了我们目前熟知的许多操作系统，例如，IBM 的 MVS，DEC 的 VMS，以及贝尔实验室的 UNIX 等。UNIX 是贝尔实验室的汤普逊（Thompson）等人于 1969 年左右开发的操作系统，其显著特点是结构简洁、功能强大、移植性好、兼容性好、互操作性强。由于 UNIX 最初是免费赠送的，并提供源代码，因而被认为是开放系统的代表，并有利地促进了 UNIX 的快速发展。目前 UNIX 已经发展出了 100 多个版本，从而产生了 UNIX 之间的兼容性问题。从 1980 年开始，UNIX 用户组织开始进行 UNIX 的标准化工作，该工作已经被美国电气及电子工程师学会采纳，这就是人们熟知的 POSIX 标准。UNIX 是使用广泛、影响较大的操作系统，主宰了小型机、工作站的大量市场。

在计算机硬件技术发展的第四代，个人计算机的出现促进了一大批更为流行的操作系统的产生，例如，MS-DOS、Windows、Linux 等。MS-DOS 与 Windows 都是微软公司的产品，是随着个人计算机的推广、普及而逐步确立其地位的。Windows 最初是微软于 1985 年作为对 DOS 的图形化扩充而推出的。苹果公司的 Macintosh 是第一个具有图形用户界面的操作系统，但 Macintosh 运行于非英特尔体系结构的计算机之上。由于 Windows 运行于英特尔体系结构的个人计算机上，而基于英特尔体系结构的计算机取得了巨大的成功，因此 Windows 后来居上，一度完全主宰了个人计算机的操作系统市场。这一局面直到 1991 年的 Linux 出现之后才逐渐被打破。

Linux 是由芬兰的一名大学生林纳斯 · 托瓦兹（Linus Torvalds）于 1990 年开始编写的一个新的操作系统，后来被称为 Linux。尽管 Linux 遵循 UNIX 标准，但并没有使用以前的 UNIX 代码，而是重新编写了每行代码，因此通常人们并不认为 Linux 是一种 UNIX。托瓦兹在 1991 年完成了 Linux 的第一个版本后，将其放到了互联网上，供全世界的同行使用。这个特殊的发展模式取得了令人难以置信的成功：目前 1/3 的网站服务器运行 Linux，而且 Linux 受到了很多国家政府的热情支持。Linux 的成功一方面源自托瓦兹对 Linux 的设计目标：实用、简洁、目标渐进，另一方面则源自互联网的开放、创新、共享。

随着计算机网络等技术的发展，近年来操作系统在网络化、并行化、智能化等方面将会取得更加显著的发展。

（1）商业桌面与服务器操作系统研究开发现状

Windows 操作系统是世界上最流行的桌面操作系统，从 Windows 95、Windows 98 到 Windows 2000 和 Windows XP，微软几乎占据了 90% 的桌面市场。此外，Linux 和 Macintosh 以及 FreeBSD、OpenBDS 等免费 UNIX 版本也在桌面操作系统占有一席之地，而在服务器端，占主导地位的仍是 NetWare 及各大主流厂商的 UNIX 版本，包括 AIX、Solaris、Digital UNIK、HP-UX 等，以及免费的 UNIX 版本：FreeBSD、OpenBDS、GNU Hurd、NetBSD、LINUX。

（2）商业嵌入式操作系统研究开发现状

随着嵌入式系统应用需求的不断增多，对嵌入式操作系统的要求也随之高涨。嵌入式操作系统及其开发调试环境可以广泛应用于下述嵌入式产品：移动计算平台（如 PDA）、家庭信息环境（如机顶盒、数字电视）、通信计算平台（如媒体手机）、车载计算平台（如导航器）、工业和商业控制（如智能工控设备、POS/ATM）、电子商务平台（如智能卡应用、安全管理）等，还可应用于与互联网相连接的一切接入设备。

根据国外资料，近年来，全世界每年生产的微处理器（微控制器）芯片数量达 10 亿只以上，其中只有 10% ~ 20% 的芯片用在台式计算机或其他计算机上，绝大多数微处理器（微控制器）芯片用在了嵌入式系统中。而且全球每年推出的嵌入式系统的新产品达上万种。根据高德纳（Gartner）的数据调查，2002 年全球有 1.08 亿以上的员工经常在传统的办公室以外工作。他们都需要使用各种嵌入式系统产品支持其工作。这些嵌入式系统产品需要使用嵌入式操作系统作为核心软件，国内对嵌入式操作系统的需求仅在无线手机产品市场上，每年的需求是 20 亿元人民币。掌上电脑预计未来几年在我国的年销售量为百万台，并将高速发展，对嵌入式操作系统的需求也是一个年达 1 亿元的市场。另外，我国家用电器如彩电、冰箱、空调、音响产品等正在向数字化、信息家电的方向发展。每年将有千万台的信息家电产量，其市场规模将达到 200 亿元人民币。如果其中嵌入式操作系统价格仍按 10% 计，那么信息家电将为嵌入式操作系统另外创造至少每年 20 亿元人民币的市场。

面对巨大的嵌入式软件市场，国内外许多公司已于几年前开始了研制开发，到目前已有几十种操作系统面世。从事嵌入式操作系统的主要厂商包括以下几个。

Chorus：升阳（Sun）公司拥有，采用微内核，正在成为基于 Java 嵌入式平台。

Diba：升阳（Sun）公司拥有，提供浏览器应用软件。

Navio：甲骨文（Oracle）公司拥有，主要用于发展网络计算机。

OS-9：Microwave 公司拥有，目前开发出服务于 VOD 的家用信息机产品。

PSOS：ISL 公司拥有，目前国内开发商普遍采用的产品。

QNX：QSSL 公司拥有，限于 Intel x86 平台，提供集成化开发环境。

Windows CE：微软公司拥有，主要用于 PDA，1999 年 3 月宣布进入中国的机顶盒市场。

Tomado/VxWorks：Windriver 公司拥有，开发环境和调试工具。

在国内，中科院北京软件工程研制中心 1992 年就开始关注嵌入式系统的发展，1994 年决定研制开发嵌入式操作系统。目前研制出的 HOPEN 操作系统已能在摩托罗拉、飞利浦、HITACHI 等多种芯片上运行，并即将用于 PDA（或 HPC）、机顶盒市场。由于信息电器的广泛前景，国内已有三十多家企业开始与中科院北京软件工程研制中心合作。应用软件方面，联想、长城、海信等厂家做了大量工作，正在或已经将开发的应用软件用于自己的产品中。

（3）分布式网络化操作系统研究现状

随着越来越多的计算机通过网络的互联，急需开发分布式软件以便用户能使用分布式资源。然而，习惯于传统集中式计算环境的用户在分布式系统中开发软件和管理系统时遇到很大困难。因此，怎样使分布式系统易于使用是分布式系统研究的原动力所在。分布式操作系统 DOS 的设计目标之一就是直接在硬件核心而不是在现有 DOS 上，构造一个全新的分布式系统以便获得更好的系统结构和更佳的系统性能。运行在各站点上的 DOS 相互配合，给用户提供一个单一的虚拟系统。大多数 DOS 采用了微内核技术。在这样的系统中，每台计算机一个 DOS 的微内核拷贝。DOS 通过微内核互连而成。微内核仅提供支持系统运行的最基本的功能，包括进程间通信、低级网络通信、进程调度和中断处理等。系统的其余功能由微内核之外的进程（称为系统服务进程）实现。用户进程通过操作系统与这些系统服务进程交互，如读写文件、启动或删除进程等。

微内核结构隐藏了硬件的异构性，提供了统一的内核接口。DOS 能适应各种不同的硬件结构。微内核极大地缩小了系统代码的规模，使 DOS 更轻巧。一个站点只需运行内核以及必要的服务进程。

一个 DOS 由一个内核和一组类似于集中式 DOS 所提供的系统服务器（进程）组成。系统服务器管理系统资源，为用户提供服务。系统服务器主要有文件服务器、目录服务器和进程服务器等。

DOS 要为用户提供一个单一的、全局的、让每个用户看起来是相同的文件系统。DOS 中的文件系统实现与传统分时系统有类似的功能：管理磁盘空间、提供文件服务等。文件服务器可以运行在一个配有大容量磁盘的专用服务器上。当客户程序需要访问一个文件时，它向服务器发出请求并得到返回结果。允许系统中有多个服务器，它们之间需要协调才能为用户提供单一逻辑文件系统的面貌。物理文件服务器的数目和其位置对用户透明。为了提高性能和可靠性，DOS 中的文件系统自动实现文件重复存放和文件迁移，而这对用户是透明的。

目录服务器作为提供文件服务不可缺少的部分实现对象命名和定位操作。它将用户所使用的符号名映射为内部标识，文件服务器使用该标识找到相应对象的物理位置。DOS 中的目录服务器被用于查找系统中所有命名过的对象，如文件和进程。因为对象分布在整个系统，所以让用户在 DOS 中使用位置透明的命名机制来标识对象是十分重要的。对象的名字独立于节点的物理地址。目录服务器是实现系统级位置透明的关键。

在 DOS 中，用户并不清楚哪个结点正在运行他的作业。为了最佳利用系统资源，可以在任何结点创建一个进程。

DOS 中的进程服务器管理处理机资源，实施进程创建、终止和迁移等操作。有两种处理机管理模型：处理机池模型和本地结点模型。Amoeba 和 Plan 采用了处理机池模型，其中进程服务器管理一个处理机池供全局使用。它保存着系统中各处理机的负载信息，当一个新作业到达时，它根据系统中的负载情况，为该作业分配处理机。其设计重点是强调提高静态负载平衡的有效性。由 Mach 和 Chorus 系统所采用的本地结点模型基于这样的思想：用户大多数时候是登录到本地机，因此总是隐含地将用户进程放到本地机运行。在该模型中，通常要实现进程迁移机制。当一个结点负载过重或发生故障时，进程服务器从该结点将进程迁移到负载较轻或更可靠的结点。在这两种模型中，负载平衡和进程迁移对用户都是透明的。

为了降低应用编程的难度，DOS 提供包括并行透明性、位置透明性和故障透明性在内的网络透明性。DOS 提供了完全的并行透明性。在某些 DOS 中，系统中的处理机以集中方式由一个服务器管理，也可以有多个分散的处理机管理服务器，它们互相配合共同完成处理机分配。无论哪种方式，为用户作业分配处理机的主要目的都是获得最大的并行性。用户无须知道其作业到底在哪个处理机上运行或有多少处理机在运行他的作业。

位置透明性隐藏了分布式系统中对象（如文件、服务器等）的物理位置。一个用户访问一个对象时，他只需指出对象的符号名，而无须知道对象到底在哪个结点，因此，对象可以在结点之间自由报移而不影响应用程序。DOS 为用户提供了统一的命名机制。它有一个全局目录结构对象的路径名并不反映对象的物理位置。无论用户从哪个结点登录到系统，用户看到的是相同的命名树。对象的迁移和复制对用户透明，由系统自动实现故障透明性，与资源共享和位置透明性密切相关。在 DOS 中，所有资源由系统中的用户共享，而用户并不属于某个具体结点。当系统部分故障（如某几个处理机失效）时，系统仍将分配可用处理机运行用户作业，甚至能将故障处理机的进程移到非故障结点运行，此时，故障对用户是透明的。

为了赢得商业市场，DOS 正朝着实用性发展，如与现存系统的互操作、让用户拥有对其物理资源的控制权等。例如，在 Amoeba 之上已经构造了一个 UNIX 系统仿真器，用户可以在 Amoeba 系统中重新编译和运行大部分 UNIX 软件。在 UNIX 和 Amoeba 中已经开发了许多实用程序，使得这两个系统能够实现广泛的互操作。DOS 的最终目的是获得完全的网络透明性。结点的自治性和网络透明性始终是两个相矛盾的目标。

（二）数据库管理系统研究开发现状

在操作系统出现之后，随着计算机应用范围的扩大，需要处理的数据迅速膨胀。最初，数据与程序一样，以简单的文件作为主要存储形式。以这种方式组织的数据逻辑简单，但可扩展性差，访问这种数据的程序需要了解数据的具体组织格式。特别地，当系统数据量大，或者用户访问量大时，应用程序还需要解决数据的完整性、一致性以及安全性等一系列问题。因此，必须开发出一种系统软件，它应该能够像操作系统屏蔽了硬件访问复杂性那样，屏蔽数据访问的复杂性。由此产生了数据库管理系统。

自从 1969 年前后以 IBM 公司研制的层次数据库系统为代表的数据库系统问世以来，随着数据模型的不断发展，数据库经历了从层次数据库、网状数据库，到传统的关系数据库和面向对象数据库数据库系统的发展。其中以关系数据库为代表的传统数据库系统获得了巨大的成功。

随着数据库技术与其他分支学科技术的结合，出现了多种新型数据库。例如，与分布处理技术结合产生的分布式数据库、与并行处理技术结合产生的并行数据库、与人工智能结合产生的演绎数据库、与多媒体技术结合产生的多媒体数据库。另外，数据库技术应用于特定的领域，出现了工程数据库、地理数据库、统计数据库、空间数据库等特定领域数据库。

随着互联网的普及，传统的数据库使用环境已经发生了巨大的变化，这种变化主要体现为 XML 和 Java 技术的大量使用、要求支持各种互联网环境下的应用服务器、极容易出现大量用户同时访问数据库、要求支持 7×24 h 不间断运行和高安全性等。为解决由于这些变化所带来的新问题，数据库管理系统也要适应这种变化。例如，对于互联网应用，由于用户数量是无法事先预测的，这就要求数据库相比以前拥有能处理更大量的数据以及为更多的用户提供服务的良好的可伸缩性及高可用性。又如，互联网提供大量以 XML 格式数据为特征的半结构化数据，支持这种类型的数据的存储、共享、管理、检索等也是各数据库厂商的发展方向。这种支持互联网应用的数据库系统统称为网络化的大型通用数据库管理系统。

1. 数据库安全系统及技术

由于数据库系统在现代计算机系统中的地位越来越趋于核心的地位，数据库系统的安全问题自然受到越来越多的关注。作为整个计算机系统安全问题的一部分，数据库的安全必须在计算机系统安全的大背景下讨论。计算机安全是指为计算机系统建立和采取的技术与管理的安全保护措施，以保护计算机系统中的硬件、软件及数据，防止系统或信息因偶然或恶意的原因而遭到破坏、更改或泄露。计算机安全的一个重要部分是研究技术安全，即计算机系统本身在实现中采用具有一定的安全性质的硬件、软件来实现对于数据及其所含信息的安全保护，并在一定程度上甚至完全可以保证系统在无意或恶意的软件或硬件攻击下仍能使得系统内的数据或信息不增加、不丢失、不泄露。

在目前各国所引用或制定的一系列安全标准中，最重要的两个是由美国国防部制定的《可信计算机系统的评估标准》（简称“TCSEC”）和《可信计算机系统的评估标准关于可信数据库系统的解释》（简称“TDI”）。

《可信计算机系统的评估标准》自 1985 年发布以来，最初作为国防部用于评价其军用计算机系统的安全性或可靠程度的标准，后又应用到民用方面，对商用数据库管理系统及相关产品的安全属性进行规范。

在《可信计算机系统的评估标准》中，就系统的安全性级别（或可信级别）给出了很具体的描述，尽管作为标准，其行文较枯燥，但作为安全性级别的判定依据，具有深远的理论和现实意义。《可信计算机系统的评估标准》将可信系统划分为四类七个级别，即 D、C（C1、C2）、B（B1、B2、B3）和 A 类，后又发展了超 A 级，其可信程度由 D 到 A 依次升高，其中 D 级为最小安全保护。这个可信标准主要用于计算机操作系统的评估。

在《可信计算机系统的评估标准》中建立的抽象体系结构是一个层次性的体系结构，这些层次、级别之间具有一种偏序向下兼容的关系，即较高安全性级别提供的安全保护既要提供较低级别的所有保护要求，同时要提供更多或更完善的保护能力。例如，C2 级提供了自主存取控制（DAC），则 B1 级的系统中也必须提供自主存取控制的支持。根据各个级别的特有内容，各层次定义如下：

（1）D 层

最小保护。任何计算机均能提供的一些安全保护，但又不能满足任何高级别的安全保护要求。

（2）C 层

自主保护。提供基于自主的保护，同时具有审计能力和对主体与动作的责任说明（Accountability）。

① C1 级：自主安全保护。能够实现对用户和数据的分离，进行自主存取控制保护或限制用户权限的传播。

② C2 级：受控存取保护。将 C1 级的自主存取控制进一步细化，以个人身份注册负责，并实施审计和资源隔离。

（3）B 层

强制保护。定义并保持敏感度标识的完整性，实施基于标识的强制存取控制。

① B1 级：标识化安全保护。进行系统的数据标识化，并对命名主体和客体实施强制存取控制。

② B2 级：结构化保护。建立形式化的安全策略模型并对系统内的所有主体和客体实施自主存取控制和 MAC。

③ B3 级：安全域。该级的 TCB 必须满足访问监控器的要求，审计跟踪能力更强，并提供系统恢复过程。

（4）A 层（A1 级）

验证设计。提供 B3 级保护的同时给出系统的形式化设计说明和验证以确信保护真正实现。

由于数据库系统在整个计算机系统中的地位举足轻重，美国 NCSC 于 1994 年 4 月颁布实施了《可信计算机系统的评估标准关于可信数据库系统的解释》。《可信计算机系统的评估标准关于可信数据库系统的解释》是《可信计算机系统的评估标准》向应用软件特别是数据库管理系统扩展的结果，是对《可信计算机系统的评估标准》在数据库管理系统方面的解释。《可信计算机系统的评估标准关于可信数据库系统的解释》在使用中参照《可信计算机系统的评估标准》，并对《可信计算机系统的评估标准》中定义的安全级别、安全目标及各个安全级别的说明的四个方面都加以继承，同时又对可信计算机 TCB 的概念进一步发展而得到 TCB 子集（TCB Subsets）。

目前比较通用的可信 / 安全系统或数据库主要采用的是 B1 级标准。而一般的商用数据库提供C1级别的安全性,其存取控制机制主要是自主存取控制。在自主存取控制机制下，安全性通过控制用户对数据的存取权限来实现。也有一些数据库厂商在所提供的产品中设计了独立的具有更高安全性的产品，这些产品则主要集中在 B1 级上，当然也有个别产品宣称能够提供 B1+ 等，无非是做了局部的调整而已。

2. Web 数据管理技术

随着万维网（World Wide Web）的迅速普及，互联网已经成为一种重要的信息传播媒介，成为人们生活中重要的信息来源。在互联网上，存在着大量内容丰富的、形式各异的数据，如文本文件HTML文档，乃至各种数据库等。近年来 XML 逐渐流行，成为网上数据交换和数据表示的标准。越来越多的 Web 应用，如电子商务、数字图书馆、信息服务等采用 XML 作为数据表现形式，也有很多的网站采用 XML 作为信息发布的形式，可以预见将有越来越多的 XML 数据出现在互联网上。

Web 上的数据（包括大量的 XML 数据）与传统的数据库中的数据不同，具有如下的一些特征：面向显示，半结构化和无结构，不同形式的数据源，动态变化，以及数据海量等。正是由于 Web 上的数据具有如上的特点，导致了其处理的困难。面对结构松散、形式多样、动态变化的海量数据，传统的数据处理技术遇到了巨大的挑战。如何管理 Web 上的大量信息，以满足用户对信息的需求，成为一个非常迫切的研究课题，为传统的计算机科学技术提出了新的方向。

Web 数据管理是一个很松散的概念，大体上它是指在 Web 环境下，对各种复杂信息的有效组织与集成，进行方便而准确的信息查询和发布。当前的研究开发方向主要包括：半结构化数据管理，Web 上的数据查询，Web 上的信息集成，XML 数据管理等。Web 数据管理是一个新的研究领域，它融合了网络技术、数据库技术、信息检索技术、数据挖掘技术等多个研究领域的技术。

针对 Web 数据管理的问题，来自数据库、信息检索、网络等领域的学者已经进行了深入的研究，取得了许多的研究成果。目前 XML 与 Web 数据管理已经成为一个非常活跃的研究领域，并且正在受到越来越广泛的关注。国外许多著名的大学和研究机构都在从事该领域的研究工作，如斯坦福（Stanford）大学、威斯康星（Wisconsin）大学、贝尔实验室、法国的 Inia 研究所等。国内的中国人民大学、东北大学、复旦大学等也在该领域进行了大量的工作。在各种大型的国际学术会议（如 ICDE、VLDB、SIGMOD 等）上，与该领域相关的论文占了相当比重，有关的学术交流也非常活跃，此外许多面向该领域的国际会议也逐渐发展，如 WebDB、WISE、WAM 等。

到目前为止，XML 与 Web 数据管理的研究工作主要集中在如下一些方面。

（1）半结构化数据

所谓的半结构化数据，就是介于完全结构化的数据（如关系型数据库、面向对象数据库中的数据）和完全无结构的数据（如声音、图像文件等）之间的数据，它具有隐含的模式信息、不规则的结构、无严格的类型约束等特点。重点研究的领域包括：半结构化数据模型和查询、半结构化数据的模式等。

（2）Web 数据查询

Web 作为一个松散的数据集合，它的结构是分布式的、缺乏控制的。在这样的信息海洋中，如何快速准确地找到所需的信息是一个非常重要的问题。目前的信息检索技术存在着一些缺陷，如只能针对关键字检索、返回的结果集过大、无法对页面内结构和链接结构进行查询等，远远不能满足用户不断增长的查询需求。Web 可以被看成巨大的、松散的、异构的、分布的、由超文本链接所联结的文档的集合，如何恰当地描述 Web 的特点、给出相应的模型、设计好的查询语言等，是 Web 数据查询所关注的问题。目前已经提出的 Web 查询语言有很多，根据其所采用的模型的描述粒度和查询语言的能力不同，大体可以分为如下两类：Web 查询语言和 Web 管理语言。Web 查询语言的代表有 WebSQL、WebLog 和 W3QL，Web 管理语言的典型的代表有 WebOQL、StruQL 和 Araneus 等。

XML 相关标准。作为工业界大力推广的标准，围绕 XML 形成了一组标准的集合，涉及数据模型、模式定义、查询语言等许多方面。目前还没有公认的 XML 数据模型，W3C 已经提出的有：XML Information Set、Xpath 1.0 Data Model、DOM Model 和 XML Query Data Model。总的说来，这四种模型都采用树结构，但描述能力各有不同。关于 XML 模式定义的标准包括 Document Type Descriptors（DTD）、XML Schema 和 Document Content Descriptors（DCDs）等。针对 XML 数据的特点，学者们已经提出了许多的查询语言，如 XML-QL、XQL、Quit 及 Xquery 等。XML 数据管理涉及的问题非常多，主要包括 XML 的数据模型和理论研究，XML 数据模式的研究，XML 查询语言，XML 查询处理和优化，以及 XIM 数据的高效存储和索引等问题。其他如数据压缩、安全访问控制、XML 数据的发布等领域也受到关注，也有许多的研究成果。

3. 嵌入式移动数据库技术

计算技术和无线通信技术的发展与结合使得一种全新的计算模式——移动计算模式成为现实。传统的分布计算与分布式数据库的研究都是基于有线网络和固定主机的，它们都采用了一些默认的隐含假设，如固定网络连接、对等通信代价、主机结点固定不变等。但是，随着移动通信技术的迅速发展和投入使用，加上移动计算机的大量普及，许多计算结点已经可以在自由移动的过程中与网络建立连接，上述这些假设条件不再成立。于是，移动数据库（Mobile Database）的概念应运而生，并且正在成为一个新兴的热点研究领域，移动数据库系统的设计与实现必须符合移动环境的特点（如移动性、频繁断接性、网络条件多样性、资源的有限性、网络通信的非对等性等）。现有的移动数据库系统一般采用两层或者三层的体系结构。如果采用客户机/服务器两层的体系结构，那么数据复制同步功能归入数据库服务器一端以支持断接操作。现有的大部分移动数据库系统都是采用客户机/代理服务器三层的体系结构，由独立的中间层来担当同步任务。

MU 的资源和处理能力有限。缓存数据存放在本地嵌入式数据库中，由嵌入式数据库管理系统对其进行管理，移动用户通过基于 EDBMS 的定制移动应用对缓存数据进行查询和更新处理，在断接时依然能访问中央数据库的重要数据。嵌入式数据库管理系统的核心精巧，运行时占用内存很小，可以依据应用需求定制系统功能，动态伸缩；不仅具备基本的数据库管理功能，而且可与中央数据库进行数据交换，具备数据同步功能。

鉴于以上考虑，国内外许多研究机构都展开了对移动数据库的研究，并取得了许多有价值的成果。移动数据库技术涉及数据库技术、分布式计算技术以及移动通信技术等多个学科领域；具有较高的学术起点。目前，移动数据库技术已经成为一个十分活跃的研究领域，引起了越来越广泛的关注。以下仅仅列出近年来在移动数据库及其相关领域有代表性的研究成果。

①珀杜（Purdue）大学对移动事务处理、移动数据库复制等进行了大量的研究，并提出了许多有效的算法，如移动数据库加锁机制、移动事务管理机制等。

②卡耐基梅隆（Carnegie Mellon）大学对移动计算平台进行了大量的研究，并对系统的自适应性（Adaptation）进行了分析。代表性的成果包括 Odyssey 系统和 Coda 系统。Odyssey 系统是一个操作平台集中了操作系统和网络通信的核心功能，是 CMU 研究自适应性的基础设施；Coda 系统是一个文件系统，并不是一个应用支撑软件，CMU 的许多工作，如复制技术、各种应用模型的分析比较等均是基于 Coda 系统完成的。

③罗格斯（Rutgers）大学对移动数据库技术进行了较为全面的研究，如移动计算体系结构、移动复制算法、移动事务处理、移动通信及数据管理等，他们获得了许多有价值的成果，在移动计算领域处于领先地位。

④莫纳什（Monash）大学（澳大利亚）、匹兹堡（Pittsburgh）大学、华盛顿（Washington）大学、柏尔肯特（Bilkent）大学（土耳其）等对移动事务处理、位置相关数据的处理等进行了研究。

⑤澳大利亚国立大学、斯坦福大学、柏尔肯特大学、香港理工大学、香港城市大学、新加坡国立大学等对数据广播技术、移动信息发布技术及数据广播环境下的查询技术进行了研究。

⑥香港理工大学、香港科技大学、莫纳什大学等对移动 Cashing 技术进行了研究，伊利诺斯大学（芝加哥）、意大利亚桂拉（Aquila）大学等研究了移动对象数据库技术，南安普顿（Southampton）大学（英国）、比萨（Pisa）大学（意大利）等研究了 Mobile Agent 技术。

⑦在国内，中国人民大学、国防科技大学、东软集团、华中理工大学等对移动数据库进行了研究。

此外，有关移动计算环境下的数据库技术的国际会议（如 Mobile Data Management、DASFAA、MobiDE、ICCNMC、ICDE）、学术交流与合作、学术刊物（如 MONET、WINET）、学术论文等也非常活跃。

在系统开发方面，各大数据库厂商均对嵌入式移动数据库的研制给予相当的关注，把开发相应主打数据库系统的嵌入式数据库系统作为一个重要的发展方向。Sybase、甲骨文、IBM 分别推出了各自的嵌入数据库系统。中国人民大学和北京人大金仓信息技术股份有限公司研究开发了“小金灵”（Kingbase Lite）基于掌上电脑的嵌入式移动数据库系统。东软集团也推出了他们的嵌入式数据库产品 OpenBASE mini。

在过去的十年里，移动计算这种全新的计算模式得到了飞速的发展，并在越来越多的领域中发挥了不可替代的作用。可以预测，移动计算模式必将成为未来信息时代的重要组成部分，并将对人们使用信息的方式产生深远的影响。

（三）中间件研究开发现状

随着网络应用的逐步增多，为了解决平台异构性和互操作问题，中间件作为一种新的软件类型（或层次）开始出现。从其提出的初始动因来看，中间件是指网络环境下处于操作系统等系统软件和应用软件之间的一种起连接作用的分布式软件，主要解决异构网络环境下分布式应用软件的互联与互操作问题，它可屏蔽底层网络通信细节，提高应用系统的易移植性。

中间件是联系应用底层硬件和软件架构的桥梁，负责协调应用构件之间的连接和互操作。中间件的逐渐成熟和构件化使得分布式应用的开发和集成更加便捷。一个实现良好的中间件可以屏蔽底层系统枯燥、易错的细节；通过集成可用构件而大大缩短开发周期；提供更高层次的网络抽象，从而简化分布系统的开发；可以提供网络开发环境中必需的诸如日志、安全、名字服务和事务等面向开发者的服务。

中间件技术的研究从 20 世纪七八十年代开始受到关注，进入 90 年代后成为研究的热点问题，美国许多著名大学和实验室都参与到了中间件技术的研发中。同时许多著名的软件企业也投入大量资金和精力开发各种中间件产品，如 IBM、甲骨文等，并造就了 BEA 等明星中间件企业。在国家产业政策的引导下，越来越多的企业、大学、研究所开始步入中间件领域。

三、支撑软件研究开发现状

自从 20 世纪 60 年代出现软件危机和软件工程以来，如何高效地开发高质量软件的技术、方法和体系研究始终是软件技术的重要研究内容。软件生产平台研制和质量认证体系研究是提高软件生产工业化水平的两个关键问题。

（一）CASE 工具研究开发现状

CASE 工具是软件开发技术、方法、过程等的辅助性支持手段。随着软件开发复杂性的增加和人们对软件开发方法研究的深入，CASE 工具已成为软件开发中必不可少的基础设施。常见的 CASE 工具主要有需求管理工具、项目 / 计划 / 过程管理工具、建模 / 编译 / 部署工具和配置 / 版本管理工具。下面分别予以介绍。

1. 需求管理工具

软件需求是开发的起点，获取需求、管理需求变化、评估需求变化影响等方面对软件开发的总体过程和最终产品质量起着关键作用。一般而言，需求管理工具提供用户与开发人员的交流与共享环境，支持需求分类（如按功能、非功能、界面、性能、安全性等分类）、文档生成（将需求按一定方式组成需求文档）；追踪性分析功能包括从多个不同角度分析需求的变化对后期开发和维护可能造成的影响；需求变化管理功能可以对需求进行变化控制，维护需求的变化历史，并可以基于需求，通过图表和报告的形式监控需求在项目中的实现情况和质量。常见工具有 Analyst Pro、CaliberRM、Catalyze、Cradle REQ、RDT、Team-TRACE 等，国内有代理销售的主要包括 Rational 公司的 RequestEr 工具和 DOORS 系统等。

2. 项目 / 计划 / 过程管理工具

通常软件项目管理活动包括项目的计划、调度、通信、费用估算资源分配以及质量控制等。项目管理工具就是要使这种生产过程成为可见、可控的过程，具有以下一些特征：①覆盖整个软件生存周期；②为项目调度提供多种有效手段；③利用估算模型对软件费用和工作量进行估算；④确定关键路径、松弛时间、超前时间和滞后时间；⑤对项目组成员和项目任务之间的通信给予辅助；⑥自动进行资源平衡，跟踪资源的使用；⑦生成固定格式的报表和剪裁项目报告。项目管理工具通常都支持 PERT 和甘特（Gantt）图。目前市场上项目管理工具大约有 120 种，常见的项目管理工具包括微软公司的 Project、美国 Primavera 公司的 Primavera Project Planner（常简称“P3”）、英国 Lucas 管理系统公司的 Artemis 系统、美国 Symantec 公司的 Time line 系统、CA 公司的 CA-Superproject 软件等；国内的则有清华斯维尔智能项目管理系统、梦龙智能项目动态控制系统、邦永 PM2 以及中科院软件所、北京大学等针对软件项目特性的研究成果。主要的项目管理软件主要针对通用的工程项目管理，并没有针对软件开发特性的专门支持。

3. 建模 / 编译 / 部署工具

以支持软件分析、设计中相关任务为核心，提供软件问题域、解决域的模型分析、讨论和转换支持功能，并由此与编译环境相关联，最终在部署工具支持下直接实现大型系统、分布系统的复杂部署。建模工具与软件开发方法密切相关，传统建模工具支持结构化方法，当前的建模工具均以面向对象方法为核心，UML 已成为标准表示。常见的建模工具包括 Rational 公司的 ROSE 系统、Visual UML、Paradigm Plus、GDpro 等，国内则包括北京大学、北京航空航天大学等研发的 JBOO、UML Designer 等。编译环境仍然是微软公司的 Visual Studio IBM、Boland 公司的相关产品。部署环境方面在编译开发环境对分布式系统部署支持之外，以 Plantium 公司的系统为代表，还有在异构环境中进行集中部署和管理的支撑环境。

4. 配置 / 版本管理工具

配置管理要求对标识出的软件产品及其中间产品进行有效的存取、控制和审计等，由此需要解决针对软件资源的访问、存取等控制要求，配置管理工具在此基础上还可以对包括并行开发、远程开发、系统构造等软件生产的相关问题提供支持。配置管理工具可以从两个角度来分类。①按版本对象的粒度，可以分为基于文件的系统、基于目录的系统和基于构件与体系结构的系统。现在的主要系统正在转向以构件和体系结构为管理对象，可管理不同层次对象的版本，并适应基于构件的软件开发方法。②按用户直接处理的对象类型，可以分为面向版本的系统和面向变更的系统，前者用户以版本树为管理对象，处理各类版本信息；后者以变更为主，版本只是某一变更的相关属性。国内外有许多独立的商用配置管理工具，如 Rational 公司的 Clearcase、CA 公司的 CCC-Harvest、Lucent 公司的 Sablime、北京大学的 JBCM 等，也有 CVS 等免费软件系统。

（二）软件构件技术及其支撑工具研究开发现状

软件开发方法的研究一直是软件开发技术研究的核心和基础，为人们的软件开发提供了全面的指南和支持。主流的方法从最早的结构化开发方法，发展到 20 世纪 90 年代成熟起来的面向对象开发方法，90 年代中期后，基于构件的软件开发方法在支持软件复用方面提供了更好的支持，并逐步与现时的工业化技术（如 CORBA、COM+、EJB、Web Service 等）相结合，成为备受关注和快速发展的新型软件开发方法。

结构化开发方法强调开发方法的结构合理性以及所开发软件的结构合理性。面向对象开发方法从现实世界中客观存在的事物（即对象）出发来构造软件系统，并在系统构造中尽可能运用人类的自然思维方式。基于构件的软件开发方法则强调系统的构造性、复用性和抽象性，希望通过软件复用的方法进一步提高软件的生产效率和质量。软件构件技术是基于构件的软件开发方法的核心技术之一，涉及构件模型、软件体系结构、分布式构件（对象）、构件管理、构件组装、开发过程等。

第二节 计算机软件技术的发展趋势

一、操作系统的发展趋势

计算机软件作为一门学科，从其诞生到现在已经取得了令人瞩目的发展，同时也随着技术的进步酝酿着创新。计算机技术和信息技术高速发展的今天，使得计算机和计算机技术大量地应用在我们的日常生活中，随之系统软件、支撑软件和应用软件也有了长足的发展。

随着计算机不断普及，操作系统的功能变得越来越复杂。在这种趋势下，操作系统的发展将面临两个方向的选择：一是向微内核方向发展，二是向大而全的全方位方向发展。微内核操作系统虽然有不少人在研究，但在工业界获得的承认并不多。这方面的代表是 MACH 系统。在工业界来说，操作系统是向着多功能、全方位方向发展的。Windows XP 操作系统现在有 400 万行代码，Windows 7 的代码规模更大，某些 Linux 版本有 2 亿行代码，Solaris 的代码行数也在不断增多。鉴于大而全的操作系统管理起来比较复杂，现代操作系统采取的都是模块化的方式，即一个小的内核加上模块化的外围管理功能。

例如，最新的 Solaris 将操作系统划分为核心内核和可装入模块两个部分。其中核心内核分为系统调用、调度、内存管理、进程管理、内核锁定、时钟和计时器、中断管理、引导和启动、陷阱管理、CPU 管理；可装入模块分为调度类、文件系统、可加载系统调用、可执行文件格式、流模块、设备和总线驱动程序等。

最新的 Windows 将操作系统划分成内核、执行体（Executive）、视窗、图形驱动和可装入模块。Windows执行体又划分为I/O管理、文件系统缓存、对象管理、热插拔管理器、能源管理器、安全监视器、虚拟内存、进程与线程、配置管理器、本地过程调用等。而且，Windows还在用户层设置了数十个功能模块，可谓功能繁多，结构复杂。

进入21世纪以来，操作系统发展的一个新动态是虚拟化技术和云操作系统的出现。虚拟化技术和云操作系统虽然听上去有点不易理解，它们不过是传统操作系统和分布式操作系统的延伸与深化。虚拟化技术扩展的是传统操作系统，将传统操作系统提供的一个虚拟机变成多个虚拟机，从而同时运行多个传统操作系统；云操作系统扩展的是分布式操作系统，而这种扩展有两层意思：分布式范围的扩展和分布式从同源到异源的扩展。虚拟化技术带来的最大好处是闲置计算资源的利用，云操作系统带来的最大好处是分散的计算资源整合和同化。

二、数据库系统的发展趋势

技术的进步对数据处理的要求也越来越多、越来越高。不再像过去普通的查询、加减乘除和简单统计等只是对数据的直接的使用。现在很重要的应用，就是把数据里面蕴含着的很多有价值的东西拿出来，就是所谓的数据挖掘。现在，各种媒体的数据都可以数字化后进入计算机。例如，扫描的图像，各种装置和设备直接采集的数字化的内容，包括照片、电视节目、电影、音乐、报纸、书、杂志等，为了有所区别，不妨把它称之为“后键盘”时代。“后键盘”时代的上述变化对数据库领域所产生的影响是多方位的，也是根本性的，关系数据库已经无法胜任这种变化了的应用需求，可以说它使数据库技术的发展面临一个新的分水岭，必须寻求新的解决办法。

（一）数据库管理系统的自适应管理

关系数据库管理系统（Relational Database Management System，RDBMS）复杂性增强以及新功能的增加，使得对数据库管理人员的技术熟练需求和数据库管理人员的薪水支付都在大幅度增长，导致企业人力成本支出也在迅速增加。随着关系数据库规模和复杂性的增加，系统调整和管理的复杂性相应增加。基于上述原因，数据库系统自调优和自管理工具的需求增加，对数据库自调优和自管理的研究也逐渐成为热点。

目前的数据库管理系统有大量“调节按钮”，这允许专家从可操作的系统上获得最佳的性能。通常，生产商要花费巨大的代价来完成这些调优。这就是所谓的数据库调优技术。它其实给数据库系统的用户带来极大的负担和成本开销，而且数据库管理系统的调优工作并不是仅依靠使用者的能力就能完成的。其实，把基于规则的系统和可调控的数据库联系起来是可以实现数据库自动调优的。目前，广大的用户已经在数据库调优方面积累了大量的经验，诸如动态资源分配、物理结构选择以及某种程度上的视图实例化等。人们认为，数据库系统的最终目标是“没有可调部分”，即所有的调整均由数据库管理系统自动完成。它可以依据缺省的规则，如响应时间和吞吐率的相对重要性做出选择，也可以依据用户的需要制定规则。因此，建立能够清楚地描述用户行为和工作负载的更完善的模型是这一领域取得进展的先决条件。除了不需要手工调整，数据库管理系统还需要一些能力以发现系统组件内部及组件之间的故障，辨别数据冲突，侦查应用失败，并且做出相应的处理。这些能力要求数据库管理系统具有更强的适应性。学术界与工业界都在努力，有的数据库厂商已将部分研究成果转化到产品中去。相信达到实质意义上的“无可调部分”，开发出无须数据库管理员的数据库管理系统是可能的。

（二）复杂化的发展趋势

当数据管理所带来的挑战日益增加时，信息的重要性就被提升到前所未有的高度。各种形式的信息——数据库、电子数据表、文档管理系统、文本文件、网页、图表和图像都成为院校管理资料。因此，对数据库和其他各种来源的数据进行管理的需求，以及为不同级别用户提供更便捷的方式访问这些数据的需求都在日益增加。数据库技术在向复杂化的趋势发展，对相应的管理系统提出了更高的要求。

1. 提高载入和检索速度

研究具有更快的载入和检索速度的存储方法仍将打头阵。快速数据访问研究包括新型索引（如能够迅速适应新数据类型的通用索引结构）。采用多维聚簇加速访问多维数据。IBM 不断研发不同的存储方案以增加数据聚簇速度并加强对大对象的控制能力。

2. 对大量数据的高效查询

解决海量业务数据高效处理和复杂查询的工作也正在进行中。例如，IBM Almaden 研究中心开发了一种新方法，该方法通过采样获得数据的随机子集并根据该样本估计或外推解答，使系统能够更快地为复杂查询提供近似解答。该技术已应用在 DB2 UDB v8.1 测试基础版中。采样将以更快的速度获得更好的统计信息。此外，为提高带有大量子查询和复杂操作内容（如与外部关联和反关联）的查询性能所做的相关改进工作也在进行中，有望在某些类型的查询上取得重大飞跃。

3. 数据管理和 Web 服务

数据库早已成为 Web 服务“供应商”，通过 Web 服务接口应答请求。不久它也将成为 Web 服务的“消费者”。也就是说，在查询过程中，它能够调用 Web 服务以返回所需信息。例如，在一次单步查询中，用户可以查找一个包含本地储存状况描述、首选供应商（从不同的本地列表）、可用性及价格信息的零件（通过 Web 服务发出向供应商的请求并返回当前信息）。目前，不得不通过用户定义的函数在 SQL 语句中明确地调用 Web 服务，照此发展，用户甚至可以将 Web 服务视为列表的别名从而进行透明的访问。应用开发和部署工具将随技术而发展。

4. XML 支持

数据及处理集成的基础即是对 XML 的稳定性支持，包括支持 XML 作为基本的数据类型。目前，通过对 SQL 语言（SQL/XML）的标准化扩展，可以将关系数据以 XML 文件的形式返回。由此，可将数据以电子商务业务中数据交换所需的类型返回，所交换的文档可在关系数据库管理系统中安全储存。

5. 双语数据库

尽管 XML 显然将成为电子商务数据交换的标准，但关系数据库并不会从此消失。仅支持 XML 的数据库并不能代替无处不在的关系系统，一部分原因是将全部数据进行转换所需的费用，另一部分原因是比 XML 数据库更为成熟的关系技术的出现。相反，未来的数据库能够为 XML 提供全面的关系能力和真正的本地支持。它们将在引擎中构建支持 XML 的存储管理和检索工具，而且既可使用 XML 语言查询又可使用 SQL 语言查询。这种双语数据库可使用户按需要同时利用关系和 XML 的优势，以实施其最佳应用。

未来的数据管理系统将更快更强大。通过开放协议、Web 服务、网络（计算）和 XML，它们能够对多个异构资源进行数据集成并通过应用和数据库交互。它们将成为自我管理、自我协调、高度自主的系统。

三、我国计算机软件技术行业的未来展望

在计算机的应用伊始，对于软件和硬件之间的划分界线并不是很明确，这也是由于刚开始的时候计算机技术应用并没有形成规模，同时人们对于计算机软件的应用要求也没有那么高。在这一时期，人们对于计算机的应用要求仅仅只在于一些简单的大规模运算上，而并没有将之应用到控制领域，所以软件技术要求较低。但是随着技术的进步以及人们对于逻辑运算的理解，

人们开始想方设法将自己的意识加诸到计算机的应用上，通过计算机的复杂运算完成自身的各种意愿，从而使得计算机软件基础产生并得到了长足的发展。

而计算机技术发展的高峰开始于20世纪中叶，在这一时期计算机技术的进步，使得软件的开发应用有了良好的环境，人们也开始逐步地意识到软件应用的重要性，因此软件产业的探索阶段便展开了。刚开始的阶段，软件主要被应用于军事、科研领域，这也是由于这一时期该类技术研究人员较少所致，由于开发人员缺乏，因此语言编程并没有得到很大的进步，这也是软件的进步受到阻碍的主要因素。

相关资料显示，一直到20世纪70年代，个人电脑的推广应用才为整个计算机的发展进步提供了新的契机，并且随之带动的便是软件技术的发展，PC以及软件的配合使得人们认识到计算机技术的强大功能，因此计算机技术开始得到人们的广泛重视，而关注所带来的便是不断提高的要求。由于计算机技术能够被应用到各行各业，因此其软件的要求也逐步地趋于多样化。目前我国已经开始对软件行业加大投入，并且这一支持也带动了相关产业对IT技术的需求，也是软件行业在我国发展的新契机，我国将会对一些重要的行业的软件开发予以重点支持。当前我国软件公司立足市场的根本是服务能力以及自身的业务渠道，这也是其主要需要予以提高的方面，所以应当对这部分内容予以重点控制。

无论如何，计算机技术在当今社会的发展中是重要的动力基础，对人类的生活有着根本性的影响，而在整个计算机系统的运行中，软件的应用是核心内容。人们对于计算机的应用全都依赖于软件的支持。而目前软件行业在我国还属于新兴产业，因此对软件的开发以及其行业的发展应当予以了解和应用，通过对目前我国软件应用状况的分析，并结合整体国情，才能开发出真正符合我国大众需求的软件。

第四章　计算机操作系统及其功能

操作系统是计算机重要的系统软件，它对计算机的操作和控制发挥着重要的作用。计算机操作系统经过不断地发展，逐渐走向成熟。其主要有进程管理、存储管理、设备管理、文件管理等功能。本章即从计算机操作系统入手，对其各项功能（包括进程管理、存储管理、设备管理和文件管理）进行研究。

第一节　操作系统概述

一、操作系统的概念

计算机系统由硬件系统和软件系统两大部分组成，没有软件系统的硬件系统只是一堆元器件而已。再完善的硬件系统，也需要软件系统的支撑才能发挥其效用。

当然，硬件系统是整个计算机系统的核心，通常只有硬件系统的计算机称为裸机，而把配有操作系统的计算机称为虚拟计算机。操作系统是建立在裸机之上的第一层软件，是对硬件资源的首次扩充，其他软件都是建立在操作系统的基础上的，通过操作操作系统对硬件功能进行管理，并在操作系统的统一管理和支持下运行。因此，操作系统在整个计算机系统中占据着特殊的地位，它是硬件与所有其他软件的接口，是用户与计算机的接口，更是整个计算机系统的管理与控制中心。

二、操作系统的发展过程

（一）“手工操作”

20 世纪 40 年代后期是“手工操作”阶段。第一台电子管计算机出现后，计算机系统基本上仅由硬件组成，计算机上并没有名为操作系统的这种软件。那时计算机的运行速度慢，外部设备少，整个系统由用户直接控制使用，因此程序的装入、调试以及控制程序的运行等工作，全部由上机的人员自己通过按动控制台上的一排排开关和按钮来实现。

这一阶段的特点是人工完成上、下机的操作，一台计算机被一个用户独占。用户上机时一人独占全机资源，程序运行前的准备时间过长，人机存在矛盾，即人的操作速度与机器运行速度相比，仍存在速度极不匹配的矛盾（CPU等待人工操作）。

（二）联机批处理

20世纪50年代，为了缓解早期使用计算机时存在的人机速度严重不匹配的矛盾，提高资源利用率，人们开始利用计算机系统中的软件来代替操作员的部分工作，从而产生了早期的批处理系统。

由于人机存在的矛盾，软件设计人员提出了“让计算机自动控制用户作业的运行，废除上、下机手工交接”的要求。为了达到这个目的，需要用户在编写自己的程序时，还要编写作业说明书，详细规定程序运行的步骤，并将其与程序、数据一起提交给系统；而系统需要设计一个常驻内存的管理程序（也称监督程序），它的功能是从输入设备上读入第1个作业的作业说明书，按照它的规定控制该作业执行。这个作业运行结束后，它又从输入设备上读入第2个作业的作业说明书，继而执行之。这一过程一直进行到提交给系统的一批作业全部执行完毕时为止。操作员有选择地把若干作业合成一批，安装到输入设备上，并启动监督程序，然后由监督程序自动控制这批作业运行，从而减少部分人工干预，有效地缩短了作业运行前的准备时间，相对地提高了CPU的利用率。

由于这种系统一次集中处理一批用户作业，故被称为批处理系统。这个阶段的特点是对批作业自动进行处理，没有人工交接，在一个用户作业运行时，仍独占计算机所有资源，用户交互性差，一个作业运行完毕后，还要等待从纸带机或卡片机上读入下一个作业，CPU仍不能充分利用。

由于主机直接控制与外部设备传输数据，所以这种工作方式称为早期联机批处理系统。

（三）脱机批处理

20世纪50年代中期出现了磁带，磁带机的传输速度比卡片机、光电机和打印机的速度快。用磁带机代替这类低速的外部设备，可进一步缩短CPU与外部设备间速度上的差异，提高CPU的利用率。这时出现了早期脱机批处理系统，即主机不直接参与外部设备传输数据，数据的I/O由卫星机完成，主机主要完成运算，主机与低速的卡片机、光电机和打印机等外部设备脱离，所以这种工作方式称为早期脱机批处理系统。

虽然这种工作方式实现了主机与卫星机的并行操作，但因系统中作业之间仍以串行方式被处理，所以无法继续提高 CPU、内存的利用率。为从根本上解决这一问题，人们提出了多道程序设计技术。

（四）执行系统

20 世纪 50 年代末期，硬件技术取得了两个方面的重大进展，即通道技术的引进和中断技术的发展，使得通道具有中断主机工作的能力，主机与通道之间借助中断相互通信，通信受主机直接控制。另外，外部设备出现了磁盘机，磁盘是一种比磁带更快并能随机存取的外部存储设备（磁带机只能顺序存储）。

为了提高资源利用率，人们开始使用磁盘进行 I/O 缓冲、脱机 I/O、虚拟设备（也称 Spooling 系统）等技术，尤其是引入了多道程序设计，使简单批处理系统发展为高级批处理系统。监督程序与中断处理程序合称为执行系统，监督程序长住内存，负责程序切换，我们称这种操作方式为执行系统阶段。

执行系统的优点是实现了主机与外部设备的并行工作。其缺点是系统中作业之间仍以串行方式被处理，所以效率不高。

在执行系统的基础上，引入多道程序设计后，单道批处理系统发展为多道批处理系统。多道批处理系统的出现，标志着操作系统正式形成。

三、操作系统的类型

（一）批处理系统

批处理本身有着两方面的含义：一是指系统可同时容纳多个作业，这些作业在大容量的外存中组成一个后备作业队列，系统按一定的调度原则每次从队列中取一个或多个作业存入内存运行，某作业运行结束后退出运行，其他的后备作业进入运行，上述过程由系统自动实现，从而在系统中形成一个自动转接的连续的作业流；另一含义是指系统向用户提供的是一种脱机操作方式，也就是用户与作业间没有交互，作业一旦进入系统，用户就不能在计算机前直接干预其运行。

对于批处理系统又可分为单道批处理系统和多道批处理系统，前者只允许在内存中有一个运行作业，后者则允许在内存中有多个作业运行。

（二）分时系统

分时是指在不同的时间间隔内，不同的设备共享着同一个资源。分时系统广泛地应用于小型机，使多个用户共享同一台计算机的资源，即一个计算机主机带多个近程或远程终端，各用户可在各自的终端上以交互作用方式使用计算机，所以分时系统也被称为多用户交互系统。每个用户好像是自己在单独操作一台计算机（独享 CPU 时间），分时系统能让用户完成作业调试、运行等交互式操作。

分时系统的出现提高了系统资源的利用率，减少了系统维护人员和系统开支，促进了计算机的普及，显著地提高了研究检查和调试程序的效率。分时系统常用于工业控制领域，在民航、商业银行联网处理方面也有应用。

（三）实时操作系统

实时操作系统是指能够及时响应随机发生的外部事件，并在规定的时间范围内完成对该事件处理的系统。这类系统一般处理速度快，在设计上力求简单实用。实时操作系统可分为实时控制系统和实时信息处理系统。

实时控制系统要求尽快地测量出被控系统的各种数据，并尽快地做出响应（处理）。这种系统的特点是响应速度快，可靠性要求高，在军事和工业控制领域应用广泛。实时信息处理系统要求根据用户提出的查询请求进行信息检索和处理，并在较短的时间内对用户做出正确的响应。例如，民航飞机票的预定、查询、售票及情报检索等。

（四）网络操作系统

网络操作系统是通过通信设施把地理上分散的具有自制能力的计算机连接起来，以实现数据交换、资源共享和交互操作为目的的计算机系统。它一般建立在主机操作系统基础上，用于管理网络通信和共享资源，协调各主机上任务的运行，并向用户提供统一、有效的网络接口的软件集合，包括网络管理、通信、资源共享、系统安全和多种网络应用服务。

（五）分布式操作系统

分布式操作系统也是通过通信网络将物理上分散且具有自制能力的计算机系统互联起来，实现信息和资源共享协作完成任务。但分布式操作系统要求一个统一的操作系统以实现系统资源的统一管理。分布式操作系统负责管理分布式系统中的所有资源，包括整个系统的资源分配和调度、任务划分、数据传输、协调，并为用户提供一个统一的界面，用户通过该界面使用系统资源时无须了解资源的位置。

（六）个人计算机操作系统

常见的个人计算机操作系统有 Windows Linux、UNIX 等，这些操作系统的应用与发展为计算机应用深入日常生活起了巨大的推动作用。

四、操作系统的特征

（一）并发性

并发性是操作系统最重要的特征。通常，把执行时间上有重叠的几个程序称为并发程序。从处理机工作的角度看，并发性是指在某一段时间内处理机在同时执行几个程序所规定的操作。这里的执行时间上有重叠和同时是一个宏观概念。前者指这些程序从开始到结束的执行过程中在时间上是有重叠的。但从微观上看，单处理机在任一时刻只能执行一个程序，并发程序实际上是以交替使用处理机的方式运行的。在多处理机环境下才是真正的同时运行。程序的并发执行有以下几种表现。

①多道不同用户的程序同时执行。

②一个用户程序内完成不同功能的程序段同时执行。

③操作系统本身的程序之间以及操作系统的程序与用户程序之间的同时执行。

④同一程序处理不同数据对象是同时执行的。

程序的并发执行可以提高系统资源的利用率，它是现代操作必须具备的基本功能和特征，但是也增加了操作系统实现和内部管理的复杂性。

（二）共享性

共享性是操作系统的另一个重要特性。共享是指操作系统中的资源（包括硬件资源和信息资源）可被多个并发执行的进程共同使用，而不是被一个进程独占。出于经济上的考虑，一次性向每个用户程序分别提供它所需的全部资源不但是浪费的，有时也是不可能的。现实的方法是让操作系统和多个用户程序共用一套计算机系统的所有资源，因而，必然会产生共享资源的需要。资源共享的方式可以分成以下两种。

①互斥访问。系统中的某些资源如打印机、磁带机、卡片机，虽然它们可提供给多个进程使用，但在同一时间内却只允许一个进程访问，即要求互相排斥地使用这些资源，当一个进程还在使用该资源时，其他欲访问该资源的进程必须等待，仅当该进程访问完毕并释放资源后，才允许另一进程对该资源进行访问。这种同一时间内只允许一个进程访问的资源称为临界资源，许多物理设备，以及某些数据和表格都是临界资源，它们只能互斥地被共享。

②同时访问。系统中还有许多资源，允许同一时间内多个进程对它们进行访问，这里的同时是宏观上的说法。典型的可供多进程同时访问的资源是磁盘，可重入程序也可被同时访问。

（三）虚拟性

虚拟性是指通过虚拟技术把一个物理上的实体变成多个逻辑上的对应物。例如，虚拟处理机、虚拟内存、虚拟外部设备等。虚拟技术是操作系统管理系统资源的重要手段，可提高资源利用率。

在只有一个物理处理机（CPU）的系统中，虚拟处理机技术（分时技术）可将一个 CPU 虚拟为多个逻辑的 CPU，使多道程序可以同时执行，给用户的感觉好像是每个程序都有一个 CPU 在为它服务。同样的道理，虚拟存储技术，从逻辑上扩大了存储容量，使得在有限的存储器中运行大于存储器的程序。

（四）异步性

操作系统的第四个特性是异步性，或称随机性。在多道程序环境中，允许多个进程并发执行，由于资源有限而进程众多，多数情况下，进程的执行不是一贯到底，而是“走走停停”。例如，一个进程在 CPU 上运行一段时间后，由于等待资源满足或事件发生，它被暂停执行，CPU 转让给另一个进程执行。系统中的进程何时执行？何时暂停？以什么样的速度向前推进？进程总共要花多少时间执行才能完成？这些都是不可预知的，或者说该进程是以异步方式运行的，其导致的后果是程序执行结果可能不唯一。异步性给系统带来了潜在的危险，有可能导致进程产生与时间有关的错误，但只要运行环境相同，操作系统必须保证多次运行进程，都会获得完全相同的结果。

操作系统中的随机性处处可见，例如，作业到达系统的类型和时间是随机的；操作员发出命令或按按钮的时刻是随机的；程序运行发生错误或异常的时刻是随机的；各种各样硬件、软件中断事件发生的时刻是随机的；等等。操作系统内部产生的事件序列有许许多多的可能性，而操作系统的一个重要任务是必须确保捕捉任何一种随机事件，正确处理可能发生的随机事件，正确处理任何一种产生的事件序列，否则将会导致严重后果。

第二节　进程管理与存储管理

一、进程管理

（一）进程控制

进程有一个从创建到消亡的生命周期，进程控制的作用就是对进程在整个生命周期中各种状态之间的转换进行有效的控制。进程控制是通过原语来实现的，用于进程控制的原语一般有创建原语、撤销原语、阻塞原语以及唤醒原语等。

1. 创建原语

一个进程可以使用创建原语创建一个新的进程，前者称为父进程，后者称为子进程，子进程又可以创建新的子进程，从而使整个系统形成一个树型结构的进程家族。创建一个进程的主要任务是建立进程控制块（PCB）。具体操作过程是：先申请一空闲进程控制块区域，将有关信息填入进程控制块，置该进程为就绪状态，最后把它插入就绪队列中。

2. 撤销原语

当一个进程完成任务后，应当撤销它，以便及时释放其所占用的资源。撤销进程的实质是撤销进程控制块，一旦进程控制块撤销，进程就消亡了。

具体操作过程是：找到要被撤销进程的进程控制块，将其从所在队列中消去，撤销属于该进程的一切“子孙进程”，释放被撤销进程所占用的全部资源，并销去被撤销进程的进程控制块。

3. 阻塞原语

某进程执行过程中，需要执行 I/O 操作，则由该进程调用阻塞原语把进程从运行状态转换为阻塞状态。

具体操作过程是：由于进程正处于运行状态，因此首先应中断 CPU 执行，把 CPU 的当前状态保存在进程控制块的现场信息中，把进程的当前状态置为等待状态，并把它插入该事件的等待队列中去。

4. 唤醒原语

一个进程因为等待事件的发生而处于等待状态，当等待事件完成后，就用唤醒原语将其转换为就绪状态。

具体操作过程是：在等待队列中找到该进程，置进程的当前状态为就绪状态，然后将其从等待队列中撤出并插入就绪队列中排队，等待调度执行。

（二）进程调度

进程调度即处理机调度。在多道程序设计环境中，进程数往往多于处理机数，这将导致多个进程互相争夺处理机。进程调度的任务是控制、协调进程对 CPU 的竞争，按照一定的调度算法，使某一就绪进程获得 CPU 的控制权，转换成运行状态。实际上，进程调度完成把一台物理的 CPU 转变为多台虚拟的（或逻辑的）CPU 的工作。

1. 进程调度的时机

引起进程调度的原因与操作系统的类型有关，大体可归结为以下几种。

①正在执行的进程运行完毕。

②正在执行的进程提出 I/O 请求。

③正在执行的进程执行某种原语操作（如 P 操作）导致进程阻塞。

④在分时系统中时间片用完。

以上都是在 CPU 为不可剥夺方式下引起进程调度的原因。在 CPU 是可剥夺方式时，还有下面的原因，即就绪队列中的某个进程的优先级变得高于当前运行进程的优先级时。

所谓可剥夺方式，即指就绪队列中一旦有优先级高于当前运行进程的优先级的进程出现时，便立即进行进程调度，把 CPU 分配给高优先级的进程。所谓不可剥夺方式，即一旦把 CPU 分配给一个进程，它就一直占用 CPU，直到该进程自己因调用原语操作或等待 I/O 而进入阻塞状态，或时间片用完时才让出 CPU，引起进程调度程序的执行。

2. 进程调度算法

进程调度程序的一项重要工作是根据一定的调度算法从就绪队列中选出一个进程，把 CPU 分配给它。因此，调度算法直接影响系统的设计目标和工作效率。通常，考虑调度算法的因素主要是有利于充分利用系统的资源，发挥最大的处理能力；有利于公平地响应每个用户的服务请求：有利于提高操作系统的工作效率。下面介绍几种常用的调度算法。

（1）先来先服务

如果早就绪的进程排在就绪队列的前面，迟就绪的进程排在就绪队列的后面，那么先来先服务（First Come First Service，FCFS）总是把当前处于就绪队列之首的那个进程调度到运行状态。也就是说，它只考虑进程进入就绪队列的先后，而不考虑其他因素。先来先服务算法简单易行，但性能却不太好。

（2）最短进程优先

最短进程优先（Shortest Process First，SPF）的基本思想是：进程调度程序总是调度当前就绪队列中的下一个要求 CPU 时间最短的那个进程运行。和先来先服务算法相比，最短进程优先调度算法能有效地降低平均等待时间和提高系统的吞吐量。

（3）时间片轮转法

这种算法常用于分时系统中，将 CPU 的处理时间划分成一个个时间片，轮流地调度就绪队列中的各个进程运行一个时间片。当时间片结束时，就强迫运行进程让出 CPU，该进程进入就绪队列，等待下一次调度。同时，进程调度程序又去选择就绪队列中的一个进程，分配给它一个时间片，以投入运行。

在这个算法中，时间片长度的选择是一个重要问题，它将直接影响系统开销和响应时间。如果时间片长度很小，则调度程序剥夺处理机的次数频繁，加重系统开销；反之，如果时间片长度选择过长，则用户进程将不能及时得到响应，比方说一个时间片就能保证就绪队列中所有进程都执行完毕，轮转法就退化成先来先服务算法。设置时间片大小通常要考虑到系统的响应时间、用户的数目以及 CPU 的运算速度等因素。

（三）进程通信

进程有异步性特征，多个并发进程都以各自独立的运行轨迹执行。虽然它们之间是相互独立的，但是共享系统资源以及相互之间可能存在的内在关系又把它们联系在一起，形成一种既相互依赖又相互制约的关系。这种制约关系实际上涉及进程之间的信息交流，也即进程间的通信问题。其主要表现在进程同步、临界资源管理、进程互斥以及死锁处理等方面。

1. 进程同步

在需要若干个进程为完成一个共同任务而相互合作的情况下，由于这些进程都是以独立的、不可预知的速度运行，这就需要在某些协调点处来协调它们的工作。当其中的某个进程先到达协调点后，则暂停执行，等待其他协作进程，直到其他协作进程达到协调点并给出协调信号后方被唤醒而继续执行。进程之间这种相互合作的协调关系称为进程同步。

这里用一个例子说明进程同步的过程。假定有一个数据分析的应用程序，由 3 个逻辑功能、4 个进程组成的数据采集由进程 1 负责，数据综合处理由进程 2 和进程 3 负责，处理数据结果的显示由进程 4 负责。该数据分析程序的功能是采集批数据后进行加工处理，将处理结果显示输出，根据输出结果的图示决定数据分析是否结束。显然，该应用程序需要进程间同步协调处理。采集完数据是第一个协调点，综合处理完数据是第二个协调点。由进程 1 采集了一批数据后，在第一个协调点系统启动进程 2 和进程 3 处理这批数据；进程 2 和进程 3 处理工作不一定同时完成，因此，系统在第二个协调点等待，当第二个协调点条件满足时（进程 2 和进程 3 的处理都完成了），系统启动进程 4。如此循环处理，直到用户认为分析结果满意或终止程序执行为止。

2. 临界资源管理

系统资源共享是现代操作系统的基本功能。但是解决资源共享所面临的问题却因资源属性不同而有很大区别。有些系统资源是共享的（如磁盘），而有些资源则是独享的（如打印机）。显然独享资源的共享处理与共享资源的处理机制就不同。以打印机为例，设有 A、B 两个进程共享一台打印机，如果任它们自由使用，则打印出的结果会交织在一起，根本无法使用。如果考虑一种解决方案，让进程 A（或进程 B）一旦先占用打印机后，就一直供其独享使用，直到其打印机使用完成为止，然后释放打印机，供其他进程使用。

实际上，人们在解决独享资源的共享问题解决方案时，就考虑到排他性使用的原理。定义一次只允许一个进程使用的资源（独享资源）为临界资源，将访问临界资源的那段程序定义为临界区。为了实现临界资源的共享（互斥）访问，就应保证并发进程互斥地进入各自的临界区。这个保证机制就是同步机构。同步机构应遵循四条基本准则。

①空闲让进。当该临界区没有进程进入时，则允许申请进入临界区的进程立即进入。

②忙则等待。当已有进程进入该临界区时，其他申请欲进入临界区的进程只能等待。

③有限等待。对要求访问临界资源的进程，应保证能在有限时间内进入临界区，以免进程陷入“死等”状态。

④让权等待。当进程不能进入自己的临界区时，应立即释放处理机（让等待进程进入），以免进程陷入“忙等”状态。

若 A、B 两个进程都要使用打印机（系统中唯一的打印机），由于打印机是独享设备，所以无论哪个进程使用打印机都是以排他方式使用的。

假设进程 A 先申请访问打印机，这时打印机临界区是空的，根据空闲让进准则，进程调度程序调度进程 A 进入打印机临界区，进程 A 使用打印机。这时，如果进程 B 也发出了访问打印机的申请，但由于临界区已被进程 A 占用，根据忙则等待准则，进程 B 只能等待。直到进程 A 使用打印机完毕，释放了打印机后，临界区空闲了，进程调度程序才调度进程B进入打印机临界区，进程 B 才能使用该打印机。

3. 进程互斥

为实现临界资源的互斥访问，操作系统中采用了同步机制。当一个进程进入临界区使用临界资源时，另一个进程必须等；当占用临界资源的进程退出临界区后，进程调度程序才允许另一个进程访问该临界资源，进程之间相互制约的这种关系被称为进程互斥。

4. 死锁处理

死锁是指计算机系统中，两个或多个进程无限期的等待，永远不会发生事件的状态。一组进程中，每个进程都在等待该组中另一个进程所占有而永远得不到资源，陷入锁死状态，称为死锁，从此定义中可以看出死锁具有以下特点。

①产生死锁的相关进程个数至少有两个。

②死锁进程整个的占有资源。

③所有参与死锁的进程中至少有两个已经占有了资源。

在计算机系统中有很多独享资源，在任何时刻它们只能被一个进程使用，如打印机、磁带机和文件等。另外，系统中的资源数是有限的，请求使用资源的进程数却可能很多，从而产生供—需矛盾。如果分配不当，或多个进程推进速度巧合，就会使系统中的某些进程陷入相互等待无法继续工作的地步。因此，死锁产生的原因是系统中的资源不足，进程推进的速度不合理等。临时性资源是消耗性资源，如信号等。引起死锁的资源可以是任意资源。

产生死锁的必要条件如下。

①互斥使用（资源独占）。每一个资源只能给一个进程使用，如果某一个进程请求资源，该资源被另外进程占有，则申请者等待，直到释放。

②非剥夺式分配（不可抢占）。资源的请求不能强行从资源占有者处剥夺，资源只能由占有者使用完后自愿释放。

③保持并申请（部分申请）。进程每次只申请最大需求量的一部分，即申请新资源同时，保持对某些资源的占有。

④循环等待。存在进程等待序列 { $p_1 p_2 \cdots p_n$ }，p_1 等待 p_2 占有的资源，p_2 等待 p_3 占有的资源，……，最后 p_n 等待 p_1 占有的资源。

所谓死锁的预防是指采用某种策略，限制进程对资源的申请，从而使产生死锁的必要条件被破坏，使系统不进入死锁状态，只要破坏产生死锁的 4 个必要条件之一，则死锁不出现。

①静态分配。只要系统对进程实行一次性分配的方案，就可以破坏保持并申请条件。也就是说，一个进程运行前提出总的资源需求，系统要么分配给它所需要的全部资源，要么一个也不给它。如果一个进程提出资源请求，所需要的资源中有几个正在被别的进程使用，那么它得不到任何资源，只有被阻塞等待。既然系统中每个进程都能得到其所需要的全部资源，那么系统中的每个进程都能够运行到结束。死锁在这种系统中绝对不会出现。

②按序分配。破坏循环等待条件。为了破坏这个条件，常采用的办法是

将系统中的所有资源进行统一编号，进程按编号的顺序，由小到大提出对资源使用的申请。这样做就能保证系统不出现死锁。

③剥夺式分配。资源使用的非剥夺性是指已经分配给进程的资源，即使暂时不用，别的进程也不能强行夺取。要破坏它，唯一的办法就是允许别的进程从占用进程手中强抢所占用的资源。这种办法显然对有些资源不适用，可能会造成混乱。

检测出死锁，就要将其消除，使系统得以恢复。死锁的解除方法如下。

①撤销进程。最为简单的解决办法是撤销死锁环中的一个或若干个进程，释放它们占用的资源，使其他进程能够继续运行下去。这种方法要计算撤销代价。

②剥夺资源。该方法即临时把某个资源从它的占用者手中剥夺下来，给另一个进程使用。可用挂起与解除挂起实现。

③设置检查点。这是一种较为复杂的方法，即定时把各个进程的执行情况记录在案，一旦检测到死锁发生，就可以按照这些记录的文件进行回退，让损失减到最小。

二、存储管理

（一）实存储管理

1. 可变分区存储管理

可变分区存储管理的基本思想是，在作业要求装入内存时，如果当时内存中有足够的存储空间满足该作业的需求，那么就划分出一个与作业相对地址空间同样大小的分区分配给它。可变分区存储管理中地址实行动态重定位。

采用可变分区方式管理内存时，内存中有两类性质的分区：一类是已经分配给用户使用的已分配区；另一类是可以分配给用户使用的空闲区。随着时间的推移，它们的数目在不断地变化。在可变分区存储管理中，常用的分区分配算法有最先适应算法、最佳适应算法以及最坏适应算法，下面分别介绍它们的含义。

①最先适应算法。最先适应算法总是把最先找到的、满足存储需求、地址最小的那个空闲分区作为分配的对象。这种方案的出发点是尽量减少查找时间，它实现简单，可保证高地址端有大的空闲分区，保证大作业的执行。

②最佳适应算法。最佳适应算法总是从当前所有空闲区中找出一个能够满足存储需求的最小的空闲分区作为分配的对象。这种方案的出发点是尽可能不把大的空闲区分割成小的分区，以保证大作业的需要。该算法实现起来

比较费时、麻烦。

③最坏适应算法。最坏适应算法总是从当前所有空闲区中找出一个能够满足存储需求的最大的空闲分区作为分配的对象。可以看出，这种方案的出发点是照顾中、小作业的需求。由于实施可变分区存储管理时，分区的划分是按照进入作业的尺寸进行的，因此在每个分区里不会出现内部碎片。这就是说，可变分区存储管理消灭了内部碎片，不会出现由于内部碎片而引起的存储浪费现象。但是，为了克服内部碎片而提出的可变分区存储管理模式，却引发了很多新的问题，只有很好地解决这些问题，可变分区存储管理才能真正得以实现。因可变分区存储管理中实行地址的动态重定位，用户程序就不会被“钉死”在分配给自己的存储分区中。必要时，它可以在内存中移动，为空闲区的合并带来了便利。

2. 分页式存储管理

可变分区存储管理按照作业对存储的需求量进行分区的划分，因此它不出现内部碎片。但由此会招致某些分区过小而无法满足作业存储请求的情形，从而产生外部碎片。解决外部碎片的方法是通过移动作业对空闲分区进行合并，这不仅不方便，还增加了系统的开销。之所以要移动内存中的作业，主要是因为用户作业必须被装入一个连续的存储区域才能正确运行。若不移动，就没有大的连续分区分配给用户作业使用。如果可把用户作业分散地装入几个不连续的分区里，并保证它得到正确的运行结果，那就无须去移动内存中的作业。分页式存储管理正是打破了这种连续的禁锢，把对存储器的管理大大向前推进了一步。分页式存储管理是将固定式分区方法与动态重定位技术结合在一起提出的一种存储管理方案，它需要硬件的支持。其基本思想如下。

①等分内存。把整个内存划分成大小相等的许多分区，每个分区称为“块”（这表明它具有固定分区的管理思想，只是这里的分区是定长的）。例如，把内存划分为 n 个分区，编号为 0，1，2，…，n–1。在分页式存储管理中，块是存储分配的单位

②等分逻辑地址空间。用户作业仍然相对于“0”进行编址，形成一个连续的相对地址空间，操作系统按照内存块的尺寸对该空间进行划分。用户程序相对地址空间中的每一个分区被称为“页”，编号从 0 开始，第 0 页、第 1 页、第 2 页……

用户相对地址空间中的每一个相对地址，都可以用（页号，页内位移）来表示，（页号，页内位移）与相对地址是一一对应的。为了加快一维地址到二维地址的转换速度，一般页的大小采用“2”。

③建立页表。有了上述准备，如果能够解决作业原样装入不连续存储块后也能正常运行的问题，那么分配存储块是很容易的事情（分配哪一块都可以）。系统为了知道一个作业的某一页存放在内存中的哪一块中，就需要建立起它的页、块对应关系表。在操作系统中，把这张表称为页表。页表给出逻辑页号和具体内存块号的对应关系，页表放在内存。由于页表的入口位置即隐含着页号，因而页号可以省略。

④硬件支持。分页式存储管理的实现需要硬件的支持，硬件要提供页表始址寄存器和页表长度寄存器。页表始址寄存器保存了正在运行进程页表的首地址，页表长度寄存器保存了正在运行进程页表的长度。

（二）虚拟存储管理

虚拟页式存储管理是基于分页式存储管理的一种虚拟存储器。它与分页式存储管理相同的是先把内存空间划分成尺寸相同、位置固定的块，然后按照内存块的大小，把作业的虚拟地址空间（就是前面讲的相对地址空间）划分成页（注意，这个划分过程对于用户是透明的）。由于页的尺寸与块一样，因此虚拟地址空间中的一页，可以装入内存中的任何一块中。

虚拟存储管理与分页式存储管理不同的是，作业全部进入辅助存储器，运行时并不把整个作业程序一起都装入内存，而是只装入目前要用的若干页，其他页仍然保存在辅助存储器里。运行过程中，虚拟地址被转换成（页号，页内位移）。根据页号查页表，如果该页已经在内存，就有具体的块号与之对应，运行就能够进行下去；如果该页不在内存，就没有具体的块号与之对应，表明为缺页，运行就无法继续下去，此时就要根据该页号把它从辅助存储器调入内存。所谓请求分页式，即指当程序运行中需要某一页时，再把它从辅助存储器里调入内存使用。

1. 表目扩充

在请求分页式存储管理中，是通过页表表目项中的缺页中断位来判断所需要的页是否在内存中的。

其中，页号表示虚拟地址空间中的页号，块号表示该页所占用的内存块号。缺页中断位为“1”，表示此页已在内存。缺页中断位为“0”，表示该页不在内存。当此位为“0”时，会发出缺页中断信号，以求得系统的处理。辅存地址表示该页内容存放在辅助存储器的地址，缺页时，缺页中断处理程序就会根据它的指示，把所需要的页调入内存。引用位表示在系统规定的时间间隔内，该页是否被引用过的标志（该位在页面淘汰算法中将会用到）。改变位为“0”时，表示此页面在内存时数据未被修改过；改变位为“1”时，表示被修改过，当此页面被选中为淘汰对象时，根据此位的取值来确定是否要将该页的内容进行磁盘回写操作。

2. 缺页中断处理

①根据当前执行指令中的虚拟地址形成（页号，页内位移）。用页号去查页表，判断该页是否在内存储器中。

②若该页的 R 位（缺页中断位）为“0”，表示当前该页不在内存，于是产生缺页中断，让操作系统的中断处理程序进行中断处理。

③中断处理程序去查存储分块表，寻找一个空闲的内存块；查页表，得到该页在辅存上的位置，并启动磁盘读信息。

④把从磁盘上读出的信息装入分配的内存块中。

⑤根据分配存储块的信息，修改页表中相应的表目内容，即将表目中的 R 位设置成为“1”，表示该页已在内存中，在 B 位填入所分配的块号。另外，还要修改存储分块表里相应表目的状态。

⑥由于产生缺页中断的那条指令并没有执行，所以在完成所需页面的装入工作后，应该返回原指令重新执行。这时再执行时，由于所需页面已在内存，因此可以顺利执行下去。

3. 调页方式

调页方式有请调和预调两种，以请调为主，辅以预调。

请调是发生缺页中断请求调入此页，当缺页中断发生时，用户程序被中断，控制转到操作系统的调页程序，由调页程序把所需的页面从磁盘调入内存的某块中，并把页表中该页面登记项中的中断位由“0”改为“1”，填入实际块号，随后继续执行被中断的程序，这一页面是根据请求而装入的，因而称为请调。

预调是作业最初被调度投入运行时，通常是预先将相应的第 1 页装入主存，而所需的其他各页将按请求顺序装入，这样就可以不必装入不需要的信息，使主存的利用率进一步提高。

4. 页面淘汰算法

发生缺页时，就要从辅存上把所需要的页面调入内存。如果当时内存中有空闲块，那么页面的调入问题就解决了；如果当时内存中已经没有空闲块可供分配使用，那么就必须在内存中选择一页，然后把它调出内存，以便为即将调入的页面让出块空间。这就是所谓的页面淘汰问题。

页面淘汰要研究的是选择谁作为被淘汰的对象。虽然可以简单地随机选择一个内存中的页面淘汰出去，但显然选择将来不常使用的页面出去，可能会使系统的性能更好一些。因为如果淘汰一个经常要使用的页面，那么由于很快又要用到它，需要把它再一次调入，从而增加了系统在处理缺页中断与页面调出 / 调入上的开销。选择淘汰对象有很多种方法，常见的有先进先出页面淘汰算法、最久未使用页面淘汰算法、最少使用页面淘汰算法以及最优页面淘汰算法等。

第三节　设备管理与文件管理

一、设备管理

（一）I/O 控制管理

I/O 系统指 I/O 设备及其接口电路、控制部件、通道和管理软件总和。I/O 控制在计算机处理中具有重要的地位，一般通过硬、软件技术综合实现。常见的 I/O 设备的控制方式如下。

1. 查询方式

该方式下，I/O 指令序列需要不断地测试相应设备的忙闲标志位，以决定主存和外设是否进行信息交换。由于这种方式的实现需要 CPU 参与，实现效率不高，通常用于信息量较小的场合。

2. 中断方式

该方式需要引入中断机构，CPU 根据中断信号的类型判断外设的工作状态，通过中断服务程序的执行决定主存与外设间是否进行信息交换，应用相当广泛。

3. 直接存储器访问方式

该方式下，主存和 I/O 设备间有一条数据通路，可实现主存和 I/O 设备之间成块数据传送而不需要 CPU 干预。直接存储器访问需要一些逻辑部件的支持才能实现。

4. 通道方式

通道又称 I/O 处理机，它能完成主存和外设间的信息传送，与 CPU 并行地执行操作。通道技术解决了 I/O 操作的独立性和各部件工作的并行性。由通道管理和控制 I/O 操作，大大减少了外围设备和 CPU 的逻辑联系。从而把中央处理器从琐碎的 I/O 操作中解放出来。此外，外围设备和 CPU 能实现并行操作；通道和通道之间能实现并行操作；各通道上的外围设备也能实现并行操作，以达到提高整个系统效率这一根本目的。

（二）缓冲技术

缓冲技术实现基本思想是，当一个进程执行写操作输出数据时，先向系统申请一个主存区域（缓冲区），然后将数据高速送到缓冲区。若为顺序写请求，则不断把数据填到缓冲区直到它被装满为止。此后进程可以继续它的运算，同时系统将缓冲区内容写到 I/O 设备上。当一个进程执行操作输入数据时，先向系统申请一个缓冲区，系统将一个物理记录的内容读到缓冲区域中，然后根据进程要求，把当前需要的逻辑记录从缓冲区中选出并传送给进程。

缓冲区的出现可以改善 CPU 与外设间速度不匹配的矛盾，同时协调逻辑记录大小与物理记录大小不一致的问题，并提高 CPU 和 I/O 设备的并行性。

用于上述目的专用主存区域称为 I/O 缓冲区。在输出数据时，只有在系统还来不及让出缓冲区而进程又要写数据时，它才需要等待；在输入数据时，仅当缓冲区空而进程又要从中读取数据时，它才被迫等待。其他时间可以进一步提高 CPU 和 I/O 设备的并行性，以及 I/O 设备之间的并行性，从而提高整个系统的效率。

在操作系统管理下，常常辟出许多专用主存区域的缓冲区用来服务于各种设备，支持 I/O 管理功能。常用的缓冲技术有单缓冲、双缓冲、多缓冲。

1. 单缓冲

单缓冲是操作系统提供的一种简单的缓冲技术。每当一个用户进程发出一个 I/O 请求时，操作系统在主存的系统区中开设一个缓冲区。

对于块设备输入，单缓冲机制如下工作：先从磁盘将一块数据传送到缓冲区，接着操作系统将缓冲区数据送到用户区，这时缓冲区已空，可预读紧接的下一块，大多数应用将要使用邻接块，然后用户进程对这批数据进行计算。对于块设备输出，单缓冲机制工作方式类似，先把数据从用户区拷贝到系统缓冲区，用户进程可以继续请求输出，直到缓冲区填满后才启动 I/O 写到磁盘上。

对于字符设备输入，缓冲区用于暂存用户输入的一行数据，在输入期间，用户进程被挂起等待一行数据输入完毕；在输出时，用户进程将第一行数据送入缓冲区后，继续执行。如果在第一个输出操作没有腾空缓冲区之前，又有第二行数据要输出，则用户进程应等待。

2. 双缓冲

为加快 I/O 速度和提高设备利用率，需要引入双缓冲工作方式，又称缓冲交换。在输入数据时，填满缓冲区 1，操作系统可从缓冲区 1 将数据送到用户进程区，用户进程便可对数据进行加工计算；与此同时，输入设备填充缓冲区 2。当缓冲区 1 空出后，输入设备再次向缓冲区 1 输入。操作系统又可以将缓冲区 2 的数据传送到用户进程区，用户进程开始加工缓冲区 2 的数据。两个缓冲区交替使用，使 CPU 和 I/O 设备、设备和设备的并行性进一步提高，仅当两个缓冲区都被取空，进程还要提取数据时，它才被迫等待。双缓冲使效率提高，但复杂性也增加了。

3. 多缓冲

为获得较高的并行度，常常采用多缓冲组成的循环缓冲技术。操作系统从自由主存区域中分配一组缓冲区组成循环缓冲，每个缓冲区的大小可以等于物理记录的大小。多缓冲的缓冲区是系统的公共资源，可供各个进程共享，并由系统统一分配和管理。缓冲区可按用途分为输入缓冲区、处理缓冲区和输出缓冲区。为了管理各类缓冲区，进行各种操作，必须设计专门的软件，这就是缓冲区自动管理系统。

二、文件管理

（一）文件存储空间管理

管理外存空间的主要任务就是合理、快速地分配和回收存储空间。前面说过，存储空间以物理块为单位，所以存储空间管理的对象是物理块。文件系统不同，物理块的大小和管理物理块的方法也不同，下面介绍几种常用的管理方法。

1. 空闲物理块表

将外存空间中所有的空闲物理块登记在一张表格中（即空闲物理块表），表格中的每一项对应一个空闲块。当要为文件分配存储空间时，文件系统就根据文件的大小在空闲物理块表中进行搜索，如果表中有足够的空闲块，就将这些空闲块分配给该文件。每当执行了分配或回收操作后，都要修改空闲物理块表，将已分配空闲块的表项清除或是将回收的物理块作为空闲块添加到空闲物理块表中。

使用空闲物理块表管理外存空间的优点是方法简单、容易实现；缺点是当表格很大时要占用大量的外存空间，而且检索速度慢、效率低。所以这种方法只适用于文件数量较少的小型文件系统。像 UNIX、Linux 等操作系统对外存空间的管理就是在空闲物理块表方法的基础上进行改进而使用的新方法。

2. 空闲区表

空闲物理块表是以空闲块为对象进行管理的，事实上当外存空间很大时，空闲物理块表的体积也很大。如何缩小表的体积成为改进方法的突破口。空闲区表就是以多个连续的空闲块为单位来建立表，从而缩小表的长度的一种方法。空闲区表是把外存空间中所有不同长度的连续空闲块登记在表项中，每个表项记录该连续空闲区域的开始块号和块数。例如，如果某个连续空闲块区是从第 10 块开始，空闲块数是 8，则登记为“10，8”。这样改进后，空闲区表的体积就大大缩小了。

空闲区表可以按开始块号大小的顺序排序，也可按照空闲块数量多少的顺序排序。搜索空闲区的算法可采用最先适应算法或最佳适应算法。最先适应算法是在搜索时找到第一个满足文件大小的空闲区后，就把它分配给当前文件（但该空闲区可能很大，分配后有大量空闲块无用）；最佳适应算法是在搜索时要进行比较，要使找到的空闲区分配存放文件后，弃用的空闲块最少。

当文件系统为文件分配空闲区时，从空闲区表中找出一个空闲区给该文件。若分配后空闲区仍有剩余空闲块，则把这些空闲块作为一个新的空闲区添加到空闲区表中。若两个空闲区相邻，则将这两个空闲区合并形成一个更大的空闲区。显然，空闲区表这种方法特别适合于建立连续文件。

3. 空闲物理块链

空闲物理块表和空闲区表固然有实现简单、容易操作的特点，但是当对表中空闲块或空闲区进行分配和回收修改处理时，操作速度较慢。

为了提高操作速度，将外存空间中的所有空闲块用链接文件存放，形成空闲块链表（实际上是空闲块链队列）。系统中设置并记忆指向空闲块链表首地址的指针，通过该指针就能联系起外存空间中的所有空闲块。当文件系统分配文件存储空间时，从空闲块链表首地址开始分配空闲块。每分配一个空闲块，链首地址指针依次后移，指向下一个空闲块。当删除文件时，将回收的物理块插入空闲块链表的尾部。

显然，空闲物理块链的方法更适合于链接文件的管理。UNIX 操作系统采用的就是一种改进后的空闲块成组链表法。它是把空闲块表与空闲块链两种方法结合起来，充分发挥两种方法的优点。该方法把固定长度 N（N 取 50）的空闲块组成一组，再把所有空闲块组用链表链接起来。为实现管理，将每个空闲块组中的第一块作为参数块使用，用于记录本组的空闲块数、下一组首块的块号和本组各个空闲块的块号。系统设置一个专用块作为链表的表头（第一个被分配的空闲块组）。

文件系统开始工作时把专用块复制到内存中。每当给文件分配存储空间时，先分配专用块中记录的空闲块。待该组空闲块全部分配后，文件系统将空闲块链队列中的下一组的首块复制到内存供分配使用。当文件被删除、所占用的物理块被回收后，重新组成新的空闲块组插入空闲块链队列的尾部。

4. 位示图

前面三种方法都是基于物理块状态的，当物理块被分配后其状态为占用，物理块被回收后其状态为空闲。因此，可以用二进制的值来描述物理块的状态，例如，用1表示占用，用0表示空闲。位示图法就是基于这种思考而提出的。它是用一个二进制位表示一个物理块的状态，把外存空间的所有物理块所对应的二进制位组成位示图，图中各位的序号就对应物理块的块号。

当为文件分配存储空间时，文件系统根据位示图中的空闲位状态（值为0）分配所对应的空闲物理块，分配后将位示图中这些位置的值置1（占用状态）。当文件被删除、所占用的物理块被回收后，将这些物理块在位示图中对应位置的值置0（空闲状态）。

由于位示图法是用一位二进制表示一个物理块，所以它占用的内存空间很小。位示图法的优点是简单、节省空间、处理速度快，适用于采用各种物理结构的文件系统。像一些小型计算机的操作系统，如PDPII-DOS、Apple-DOS、CP/M等操作系统就是采用位示图法来管理文件存储空间分配和回收的。

（二）磁盘调度算法

磁盘是存放文件的载体，当有多个访问磁盘中文件的请求同时发生时，磁盘调度算法将直接关系到文件管理的效率。显然，作为调度策略的准则来说，既要保证所有用户的请求都能得到满足，同时使得平均响应时间尽可能短。以下是几种常用的磁盘调度算法。

1. 先到先服务

这是最基本的、最合理的排队策略，该算法是按请求访问磁盘的先后次序进行调度的，最先请求的最先接受服务。该算法的特点是合理、简单，但没有考虑特殊情况的处理。

2. 最短寻道时间优先

这是考虑优化调度策略的一种算法。它选择与当前磁头所在磁道距离最近的请求作为下一个服务的对象。例如，磁头当前位置在第5磁道，某个请求要访问第7磁道，这时可能该请求并不是排队占优，但因为它要访问的磁道距离磁头的位置最近，所以优先得到服务。该算法的寻道特性比先到先服务算法好，但是不能保证平均寻道时间最短，甚至可能导致某些服务请求总得不到响应（如那些要访问的磁道距离当前磁头位置较远的服务请求）。

3. 扫描算法

扫描算法采用类似电梯运行的控制算法，在磁头当前移动方向上选择与当前磁头所在磁道距离最近的请求作为下一次服务的对象，因此，扫描算法也被称为电梯调度法。该算法具有较好的寻道特性，又避免了某些请求总得不到服务的情况发生；缺点是不利于距离磁头较远的访问请求。

4. 循环扫描算法

循环扫描算法规定磁头单向移动（如自里向外移动），当磁头移到最外磁道时立即返回到最里磁道，如此循环进行扫描。循环扫描算法实际上是对扫描算法的改进，它消除了对两端磁道访问请求的不公平性。

第五章　计算机支撑软件与应用软件

一直以来，计算机的发展都备受社会关注。作为与我们的日常生活息息相关的一种技术，我们更应该对计算机的相关知识有一定的了解。本章就计算机的支撑软件与应用软件为探讨点，对相关内容进行了阐述，为计算机的相关发展提供助力与支持。

第一节　支撑软件

一、支撑软件系统的相关概念

支撑软件系统（简称支撑软件）是近年来发展起来的一类软件系统。在发展初期，它主要是一种用于支撑软件开发、维护与运行以及协助用户方便使用的软件，因此称为支撑软件。

随着软件系统的发展，支撑软件还包括了系统间的接口软件，近年来中间件的出现与发展使得支撑软件的地位与作用大为提升，从而形成了有别于系统软件与应用软件的独立软件系统。

支撑软件还包括系统内各软件间的接口以及软件、硬件间的接口，它们统称为接口软件。近年来，中间件的出现与发展使得支撑软件的作用大为提升，从而形成了不同于系统软件与应用软件的第三种独立的软件系统。

初期的支撑软件主要用于单机集中式环境。随着计算机网络的出现与发展，支撑软件也得到快速发展，特别是在网络分布式环境中的接口软件与中间件已成为其中的必备软件。目前，支撑软件是网络分布式环境中的一种基础软件。

二、支撑软件的分类

当前，支撑软件分为三类，分别是工具软件、接口软件及中间件。通过对支撑类软件进行分类，让用户更好地认识支撑软件。

（一）工具软件

工具软件主要用于辅助软件的开发、监督软件的运行，此外，在软件产生故障时，工具软件可以辅助诊断与辅助恢复，同时还为用户提供各种使用上的方便。由于这种软件类似于使用工具为人们提供方便一样，因此称为工具软件。

此类软件主要在软件工程中辅助软件的开发；在软件运行中监督、管理软件的正常运行；在出现故障时用于测试、诊断以及协助恢复软件正常运行等。此类软件目前已扩展成为一种常用的软件工具。

（二）接口软件

由于计算机系统日益庞大，系统内往往会出现多种子系统、多种不同程序和不同数据体以及不同硬件、部件等，它们之间需相互衔接，以形成一个统一整体，这时就需要有一种软件起接口作用，这就出现了接口软件。如程序设计语言与数据库 SOL 间的接口软件就是一种典型的接口软件。此外，有时还须做硬件与软件间的接口，如网络接口软件等。

接口软件的形式很多，具体如下。

①软件间的接口。如不同语言程序间的接口、程序与数据库接口、不同数据库间的接口等。

②软件与硬件间的接口。软件与硬件间的接口往往通过接口软件实现，如 ADA 转换、显示卡中的图像数据转换、网卡及设备控制卡中的数据信号转换等。

③硬件与硬件间的接口。有时硬件与硬件之间可以通过接口软件以实现它们间的接口，如 Modem 中的信号转换接口、广域网中路由转换接口等。

④系统间的接口。在一个大系统内各不同小系统间的接口，如网络中（数据库）服务器与客户机中程序间的接口、浏览器与服务器间的接口等。

此外，在一个系统与外部（系统）间也存在着接口，如电子商务网站与外部银行网络间的接口，它们也可有接口软件相连接。

目前的接口软件已遍布系统内外，成为“无处不在”的常见软件。对它的详细介绍将分散于软件各处，而不集中统一于一处介绍。

（三）中间件

早期，中间件起源于接口软件，它是系统内应用软件与系统软件间的一种特殊接口。近年来，由于计算机网络的发展以及计算机系统的日益庞大，往往在一个系统内有多种硬件平台与多种系统软件，这为开发应用带来困难，因此需要面向应用建立一个统一的平台。由于该平台处于应用软件与系统软件（及硬件）之间，因此称为中间件。目前，在大型应用（软件）系统中，特别是在网络分布式环境中都有中间件支撑。中间件已成为支撑软件的主要组成部分。

中间件是系统软件与应用软件之间的接口软件，也是近年来出现的一种独立软件。由于近年来在一个系统中有多个应用软件，它们需要与系统软件间建立一个统一的应用平台，这就是中间件。目前在大型应用软件系统中都需要有中间件支撑。因此中间件已成为支撑软件的主要组成部分。

目前，常用的中间件产品与标准有以下几种。

①微软公司的产品，NET。

②对象管理组织（Object Management Group，OMG）的标准公共对象请求代理体系结构（Common Object Request Broker Architecture，CORBA）。

③基于 Java 的标准：J2EE，它的产品有 BEA 公司的 Weblogic 以及 IBM 公司的 Websphere。

由于中间件大多应用于网络环境中，因此将在网络软件中予以详细阐述。中间件的最终目的是让用户可以在任何地方、任何时间都能通过它使用平台上的所有资源（包括硬件与软件、程序与数据），而用户并不需要知道它们存在于何处以及如何使用等具体细节。

关于中间件的定义，国际数据公司（International Data Corporation，IDC）是这么定义的：中间件是一种独立的服务软件，分布式应用软件借助它在不同技术间共享资源。中间件一般位于硬件和操作系统之上，管理网络通信及计算资源。

1. J2EE 的相关内容

J2EE（Java 2 Platform Enterprise Edition）即 Java 2 平台企业版，是升阳公司发布的一种中间件标准，它是 Java 的一种扩充，。

J2EE 是多层体系结构，它为企业级服务器端应用开发提供了完整的技术，这些技术使得 J2EE 的多层应用模型根据功能把应用逻辑分成多个层次，每个层次支持相应的服务。容器是 J2EE 中具有特色的实体，其作用是管理、控制、发布系统应用组件，使得应用开发者从繁重复杂的服务器资源管理配置中得到解脱，而把精力集中到应用逻辑的构造上。

容器间通过相关的协议进行通信，实现组件间的相互调用，其主要技术目标可以概括为：为企业应用系统提供一个具有高度的可移植性和兼容性的平台，在这个平台上可以方便、快速地建立融合互联网技术与 Web 技术的应用。J2EE 应用具有标准的、基于组件的结构，并有丰富的开发模式可供选择。

所以，有很多的人选择了这种中间件。

使用 J2EE 开发多层企业 Web 应用，通常在逻辑上把系统分为五层，即客户层、表示层（Web 层）、业务层、集成层和资源层。

（1）客户层

在分布式应用中，客户层是系统的客户端。在 J2EE 体系中客户端可以是浏览器，也可以是具有特殊要求的定制客户端，如 Java Applet。采用浏览器方式是一般的 B/S 结构中的瘦客户端。客户端不需要安装任何部件。而采用 Java Applet 一般属于胖客户端，即客户端程序具有部分业务逻辑描述，并提供具有 Java 风格的特制的用户交互界面。

对于使用胖客户端的情况，采用的交互手段还可以包括 RMI、JMS，甚至直接利用 JDBC 与数据库连接，即在胖客户端情况下，可以采用传统的 C/S 结构。

（2）表示层

表示层主要是提供交互界面，即供 Web 页面生成、发布和管理的界面。一般情况下，利用多层结构开发应用系统，表示层仅仅是与用户交互的界面，并不涉及业务逻辑处理。表示层接受用户的输入，将用户操作请求传递给应用层，等待应用层处理结果，并将结果返回给用户。这相当于在用户和应用逻辑之间起到中介作用。在 B/S 结构中表示层一般由 Web 服务器承担。

在 J2EE 中，表示层一般采用 JSP、Servlet 实施。Java 服务页面 JSP 是实现动态网页的实现技术。JSP 可支持在 XML 中直接嵌入 Java 代码，这种方式提高了页面设计的灵活性，同时对页面上的交互处理带来方便。Servlet 是提供 Web 服务的组件，需要在 Java 虚拟机中执行，Servlet 是提供更为丰富的 Web 服务的有效技术。表示层与应用层之间的通信主要借助 JMS 和 RMI 进行。

（3）业务层

业务层主要完成业务逻辑的执行以及与数据库进行交互的应用部分。在 J2EE 中，提供应用层业务逻辑支持和数据库操作支持的组件主要是 EJB（Enterprise Java Beans）。EJB 是将程序员从繁重复杂的分布式对象和组件构造中解脱出来，而把精力全部投入业务逻辑本身。因此，EJB 的推出使得 Java 在企业及应用中得到更为广泛的重视。

（4）集成层

集成层作为 J2EE 的重要组成部分，它的内涵与意义更是值得深思的。集成层主要完成应用层的业务逻辑与各类数据库资源应用系统之间的集成。实现数据的共享和应用功能的共享。与数据库的连接和操作主要是 EJB 利用

JDBC 实现。

（5）资源层

资源层主要是指信息资源，包括各类数据库、文件等；这些资源可能是系统中新建的资源，也可能是企业信息化过程中遗留下来的系统资源。从前面的讨论可以发现，J2EE 提供了丰富的分布式应用开发技术，可以根据应用的特点，灵活选择两层、三层、多层等分布式应用体系。J2EE 是一种中间件标准而不是产品，目前，根据该标准而开发的产品有 BEA 公司的 Weblogic 与 IBM 公司的 Websphare 等。

2. NET 的相关内容

Microsoft NET 是微软公司于 2000 年 6 月推出的一整套面向 Web 服务的体系。NET 包括企业内部、企业之间各类应用的集成统一，也包括个性化集成服务。NET 内容覆盖了不同设备的接入，以及 Web 服务应用的开发、部署、发布与服务等。

（1）框架概述

NET 的核心部分称为 NET 框架。NET 框架是支撑 Web 服务应用的环境。可用于生成、部署和运行 XML Web 服务，也可支持传统应用模式的系统开发建设。NET 框架是在微软 NET 平台上进行开发的基础，NET 框架为 XML Web 服务和其他应用程序提供了一个开发环境并全面支持 XML。

（2）目标概述

①提供一个保证代码安全执行的代码执行环境。

②提供一个将软件部署和版本控制冲突最小化的代码执行环境。

③提供一个一致的面向对象的编程环境，而无论对象代码是在本地存储和执行的，还是在互联网上分布存储而在本地执行或者是在远程执行的。

（3）内容组成

通用语言运行平台（CLR）。CLR 处于 NET 框架的最底层，它是一种将底层平台差异进行抽象的运行期基础设施，提供了一套公用语言的统一规范。CLR 支持所有能用公用中间语言（Common Intermediate Language，CIL）表示的编程语言，从而为多种语言提供了一种统一的运行环境，使得组件和 XML Web Service 的综合使用不再受编程语言的限制。在 NET 中提供四种语言，它们能转换成公用中间语言，这四种语言分别是 C#、ASP NET、ADO NET、VB NET 等。

其中，C# 是一种类似 Java 的语言，可以供编程服务。ADO NET 是基于 NET 的数据访问接口，能用于访问关系数据库系统，如 SQL Server 2000 等。

ASP NET 是 NET 中的网络编程语言，它使得建造、运行和发布网络应用非常方便。ASP NET 建立在 NET 框架类的基础之上，提供了由控件和基础部分组成的 Web 程序模板，大大简化了 Web 程序和 XML Web 服务的开发。

NET 提供类库，该类库具有丰富的内容，它可为框架内的所有客户服务。

此外，NET 还提供 VB NET、C++、Visual Studio NET 以及 Web Service 等工具。

3. 中间件的功能

中间件是一种独立的软件，它分布于系统软件与应用程序之间，用于管理软件资源与实现资源共享。中间件的功能主要如下。

①提供跨网络、跨硬件、跨 OS 的跨平台统一服务，支持分布计算。

②提供标准的协议与接口。

③提供统一的协议，为建立互操作框架奠定基础；提供常用的标准服务（如网络通信服务、接口服务及安全服务等）。

④统一管理计算资源，为构建共享程序模块提供支撑，支撑分布式计算。

第二节　应用软件

一、应用软件系统的相关概念

应用软件系统（也称应用软件）直接面向应用，专门用于解决各类应用问题的软件，此类软件目前是计算机软件中最大量使用的软件，它涉及面广、量大，是计算机应用的主要体现。由于应用软件适用范围广、使用领域宽，它可分为通用应用软件与定制应用软件两类。

在计算机软件中除了系统软件及支撑软件外，就是应用软件，其为应用服务，可以涉及多个应用领域，可以取代或部分取代繁重脑力劳动，有的还可以取代人类所不能胜任的工作。

二、应用软件的分类

（一）通用应用软件

通用应用软件是可以在多个行业、多个领域共同使用的软件。如文字处理软件、排版软件、多媒体软件、绘图软件、电子表格、演示软件等。它们具有跨部门应用的特点，因此使用面广，目前为众多人员所使用，如 Word 文字处理软件、Excel 软件、Power Point 软件等。

（二）定制应用软件

定制应用软件是根据不同应用部门的要求而专门设计、开发的软件，它一般仅适用于特定单位而不具备通用性。如指定高校的教务管理系统、商场的商品销售软件以及图书管理软件等。近年来，还出现具有一定通用价值的定制应用软件，而根据特定单位的特定应用需求对它们进行二次开发，形成的软件也称定制应用软件。如企业资源规划中的 SAP 软件等即属此类软件。

近年来，这些定制应用软件还出现了一定的通用化趋势，对不同的特定应用只要做适当的二次开发即能为具体的应用服务，如具有一定通用价值的教务管理软件，针对特定的学校教务管理只要对它做二次开发即能实现。

三、应用软件的构成部分

（一）应用软件主体

应用软件须有相应的应用程序，它刻画该软件的业务逻辑需求，此外，还须有相应的数据资源以支撑程序的运行，这两者的结合构成了应用软件的主体。

应用程序由基础软件支撑，使用基础软件所提供的语言编写程序，由基础软件所提供的操作系统在硬件环境中运行。应用软件还须使用计算机中的数据资源，它由基础软件中的数据库管理系统提供共享数据，由操作系统中的文件系统提供私有数据。应用软件中的应用程序与相关数据的结合组成了应用软件的主体。

（二）应用软件的基础软件

为支撑应用软件主体，需要有相应的系统软件（如操作系统、语言处理系统、数据库系统等）及支撑软件，它们在这里起基础作用，因此又称基础软件。

（三）界面

应用软件是直接面向用户的，因此必须与用户有一个直接的接口，这种接口称为界面。界面是应用软件必不可少的部分。

应用软件的这三个部分构成了应用软件的一个整体。

四、应用软件的典范

由于计算机技术不断发展，应用软件已逐渐渗透到生活的各个方面与各个领域，本部分先对目前常用的应用软件进行分类，在此基础上介绍几个典型性的应用软件。

（一）支撑软件系统

目前流行的应用软件按其功能与性质大致可分为两大类，分别是事务处理型（Business Processing）与分析处理型（Analytical Processing）。下面对这两种应用软件做简单介绍。

1. 事务处理型应用

事务处理型应用又称联机事务处理（On Line Transaction Processing，OLTP），它是计算机软件中的传统应用，其特点是以数据处理为主。目前流行的计算机信息系统（Information System，IS）即属于此类应用。此类应用系统常用的有以下几种。

①管理信息系统（Management Information System，MIS），是在管理领域中的应用软件系统。

②情报检索系统（Information Retrieve System，IRS），是在图书、情报资料领域中的应用软件系统。

③办公自动化（Office Automatic，OA）系统，是在办公领域中的应用软件系统。

④客户关系管理（Customer Relationship Management，CRM），是在市场领域中的应用软件系统。

⑤电子商务（Electronic Commerce，EC），是在商务领域中的应用软件系统。

⑥电子政务（Electronic Goverment，EG），是在政务领域中的应用软件系统。

⑦嵌入式系统（Embedded System，ES），是在控制领域中的应用软件系统。

⑧企业资源规划，是在企业生产领域中的应用软件系统。

2. 分析处理型应用

分析处理型应用又称联机分析处理（On Line Analytical Processing，OLAP），它是计算机软件中的最新应用，其特点是以智能型的演绎与归纳推理为主。在具体应用软件系统中常用的有如下几个。

①数据挖掘（Data Mining，DM），是在数据归纳领域中的应用软件系统。

②专家系统（Expert System，ES），是在数据演绎领域中的应用软件系统。

③决策支持系统（Decision Support System，DSS），是在领导层决策领域中的应用软件系统。

④商业智能（Business Intelligence，BI），是一种新的决策领域中的应用软件系统。

我们将选取其中的决策支持系统进行详细介绍。除了这两种应用外，还有一种非事务处理的应用软件系统，它介于事务处理型应用与分析处理型应用之间，如地理信息系统、多媒体应用系统及工程应用系统等，对于这些应用软件这里就不进行详细介绍了。

（二）电子商务

电子商务是贸易过程中各阶段交易活动的电子化。它的内容包括两方面，一是电子方式，二是商贸活动。下面对这两方面做简单介绍。

1. 电子方式

电子方式是电子商务所采用的手段，主要包括如下一些内容。

①计算机网络技术。电子商务中广泛采用计算机网络技术，特别是采用互联网技术及 Web 技术，通过计算机网络可以使买卖双方在网上建立联系并进行操作。

②数据库技术。电子商务中需要进行大量的数据处理，因此需要使用数据库技术，特别是基于互联网上的 Web 数据库技术以利于进行数据的集成与共享。

2. 商贸活动

商贸活动是电子商务的目标，商贸活动可以有两种含义：一种是狭义的商贸活动，它的内容仅限于商品的买卖活动；另一种则是广义的商贸活动，它包括从广告宣传、资料搜索、业务洽谈，到商品订购、买卖交易，再到商品调配、客户服务等一系列与商品交易有关的活动。

在目前的电子商务中，常用的有两种商贸活动模式，分别是 B2C 和 B2B。

① B2C 模式。这是一种直接面向客户的商贸活动，即所谓的零售商业模式，在此模式中所建立的是零售商与多个客户间的直接商业活动关系。

② B2B 模式。这是一种企业间以批发为主的商贸活动，即所谓的批发或订单式商业模式，在此模式中所建立的是供应商与采购商间的商业活动关系。

经过上面的介绍，我们可以看出，所谓电子商务，是指以网络技术与数据库技术为代表的现代计算机技术应用于商贸领域，实现以 B2C 与 B2B 为主要模式的商贸活动。

（三）客户关系管理

客户关系管理是由美国高德纳咨询公司于 1999 年首先提出的，是一个以客户为中心的信息系统。它可为企业提供全方位的管理视角，赋予企业完善的客户交流能力，最大化客户收益率。

客户关系管理一经提出立即受到广泛响应，并迅速发展到全球。在我国，客户关系管理自 21 世纪初开始已有介绍，相关的系统（包括国外引进以及国内开发）也陆续出现，有关应用也逐渐推广。

1. 新的思想观念

客户关系管理不仅是一种计算机的信息系统，更主要的是它反映了企业的一种新思想与理念，而这种理念在此以前是被忽视的，这种理念即是客户在企业中占有的主导地位与作用。

在企业中，市场是决定一切的，有了市场企业就能生存、发展，这是一个极其简单、人人皆知的道理，但是在市场经济发展中，有时由于市场对企业的制约不明显而未引起企业足够注意和重视，但到了市场经济充分发展的今天，市场竞争加剧，企业为获取市场中的一份蛋糕而需进行殊死的拼搏。

这样就使客户成了企业争取的对象，了解客户的需求，提供客户个性化服务，引导客户的消费成为企业的重要工作。这样，研究企业与客户间的关系就成为企业日常的工作，而客户关系管理的出现正是适应企业发展的这种趋势的要求，为企业研究客户提供了有力的工具。

2. 新的应用领域

在计算机信息系统发展过程中，与企业的结合以及为企业服务一直是客户关系管理的重要方向。在国际上，自 20 世纪 60 年代开始至今出现了诸如 MIS、MRP、MRP Ⅱ以及企业资源规划等多种以企业管理为核心的系统，自 20 世纪 70 年代开始至今出现的如 CAD、CAM、CIMS 等以企业产品自动化为目的的系统，以及自 20 世纪 80 年代开始至今出现的如办公自动化、电子商务等以增强企业办事效率为目的的系统。

所有这些系统的出现均为企业发展提供了有力的保证，但是遗憾的是，伴随着时间的推移与发展，企业信息化中所涌向出来的一批又一批系统，却没有出现在企业中以客户为中心的系统，即便是以前曾经出现过的系统会与客户有一定的关系，但是不以客户为中心，而是起一种辅助性的作用。所以说，客户关系管理的出现是具有历史性的，也是很多的系统所不具备的。

3. 新的应用技术

以计算机技术为主的新技术应用已在企业生产、管理等领域得到了充分的发展，但是在与客户相关领域则相对滞后，至今，很多企业在客户关系领域中尚停留在手工或半自动化阶段，它们在期盼着新技术的应用，而客户关系管理中充分应用了当代计算机技术，包括网络技术、数据库技术及智能化技术等，为企业与客户的联系建立了新的手段与工具，为企业的市场竞争能力提供了新的支撑。

根据上述的理解，关于客户关系管理的内涵，可以总结出它的三个特点，如下所述。

①客户关系管理包括企业营销、销售与服务等范围，应以客户为中心，并以建立企业与客户良好关系为目的建立。

②客户关系管理的构架应是集成客户相关信息，提供服务与分析为一体的集成系统。

③客户关系管理是以数据库技术、网络技术以及人工智能技术为核心的计算机信息系统，它具有当代最新的技术的支撑。

（四）企业资源规划

1. 相关内涵

企业资源规划是目前最为流行的一种企业信息化构建方式。企业资源规划是 20 世纪 90 年代由美国高德纳公司提出的一种企业信息化管理理念，它也是用计算机技术管理现代企业的一种方法。

2. 思想理念

①企业的主要任务是生产产品，而其目标是所生产的产品质量好、成本低及时间短。

②产品生产是按供应链（Supply Chain）的方式进行的。企业生产从原料加工成半成品再进一步加工成产品的过程是一种“流”的过程，而驱动该“流”的是供应，这种供应包括物料供应、资金供应、信息供应、人力供应等，它们间一环套一环构成一种供应链的关系。

3. 主导作用

在供应链中起主导作用的是物流、资金流与信息流。它们在整个供应链中的作用以及重要性不言而喻。

①物流。企业是生产产品的场所，而产品的生产需要各种不同物料，从原材料起，包括各种生产工具、零配件、辅助工具、消耗性器材等，在生产的不同阶段需要不同的物料，因此物料供应是整个生产流程的主要供应流。

②资金流。企业生产过程也是一种资金不断投入的过程，包括物资采购、人力资源保证、生产场所保证以及生产中的损耗等都需要有资金的不断投入，因此资金供应流是整个生产流程的重要保证。

③信息流。企业生产过程也是一种不断提供信息的过程，包括生产计划、

产品规格、要求、数量、品种、质量、技术规范、操作要求等，信息的质量与速度在供应链中的作用不言而喻。所以，信息供应流也构成了整个生产流程中的不可缺少的部分。

除了上面三种“流”以外，企业资源规划还包括人力资源流、工作流及增值流等内容。企业资源规划的发展经历了 3 个不同的阶段，其初期阶段（在 20 世纪 90 年代）称为 MRP（即物料资源规划），它是一个以物流为主的系统。进入 20 世纪 90 年代中期发展到 MRP II，即以物流与资金流为主的系统，最后到 21 世纪初出现了融合多种流的企业资源规划。实际上，企业资源规划是一种以管理企业为目标的特定应用系统，目前著名的系统有德国的 SAP 等。

五、典型的系统分析

（一）嵌入式系统

在众多的应用系统（如军事应用系统、工业应用系统）及民用系统（如军事导航系统，工厂自动流水线，民用的电冰箱、空调、移动电话以及仪器仪表）中都需要有一种部件来实现对整个系统的控制与管理，这种部件目前是用一种计算机实现将它嵌入应用系统中，以实现控制与管理系统的功能，这种部件称为嵌入式系统。

嵌入式系统一般由一个或多个计算机及相应设备以及一组软件组成，其主要部分为以下六部分。

1. 嵌入式计算机

嵌入式计算机是一种特定的计算机，目前以单片机及单板机为主，它一般嵌入至应用系统（注意：该应用系统与前面所提到的计算机应用系统及应用软件系统完全无关），一般不单独运行，也不暴露在现场操作人员视野之内。此类计算机在功能与外形结构上要能符合应用系统的要求。

2. 程序设计语言

在嵌入式系统中，常用的程序设计语言是 C++ 与 C，一般不常用汇编语言。近年来，Java 也开始流行。所有这些语言都带有嵌入式系统所需的一些特殊成分。

3. 嵌入式操作系统

嵌入式操作系统是一种符合嵌入式系统要求的小型、专用操作系统。该操作系统一般要求尺寸小、功能专一、可靠性高、实时性强和外界接口丰富。

目前常见的嵌入式操作系统有两类。一类是相对通用的，也是比较常见的。例如，Windows CE、嵌入式 Linux、威克沃（VxWorks）等以及用于移动电话上的 Windows Mobile、Symbian 等，以及在社会大众中比较普及的安卓（Android）操作系统及 iOS 等。另一类则是根据应用的具体需求而自行组装、开发的系统，这种操作系统不是很常见。

4. 嵌入式数据库

嵌入式数据库是一种符合嵌入式系统要求的小型、专用数据库系统。该数据库系统一般也要求尺寸小、功能专一，但可靠性高、实时性强和外界接口丰富。目前常见的嵌入式数据库有 Ultye Light、EXtreme DB 及 soLite 等。

5. 嵌入式支撑软件

在嵌入式系统中有一些支撑软件，如嵌入式中间件、接口软件（嵌入式系统与外界接口及内部接口）以及辅助开发的软件等。

6. 嵌入式应用软件

嵌入式应用软件是完成嵌入式系统功能的主要软件，它是根据应用系统的需求所开发完成的，主要功能是控制、管理以及数据处理等。

嵌入式应用软件所开发的要求是短小、精炼、节省内存、效率高、响应时间快以及可靠性高，这些软件一经开发完成即以固化形式存入嵌入式计算机中，一般不做修改。

整个嵌入式系统由上面六部分所组成。它们是以层次结构形式所组成的特殊应用软件系统。嵌入式支撑软件包括中间件，嵌入式系统软件包括嵌入式操作系统、嵌入式数据库、嵌入式语言处理系统。

嵌入式系统中是以嵌入式应用软件为核心的系统，它在整个应用系统中起着骨干与灵魂的作用。

（二）决策支持系统

1. 决策支持系统的组成

决策支持系统是 20 世纪 70 年代发展起来的一种计算机应用，它可以协助单位领导人员做辅助性决策。一般而言，决策支持系统由三部分内容组成。

（1）数据

数据是决策的基础。大量、有效的数据是决策支持系统的重要与基本内容。决策支持系统中的数据一般存放于相应的数据组织中，如文件、数据库以及数据仓库中。

（2）算法与模型

决策支持系统中的决策由相应的算法以及由算法所组成的模型来完成，

模型一般用数学方式表示并用软件实现，这是一种对数据做演绎分析的模型，用它可模拟决策思维过程。

（3）展示

由数据及模型所得到的决策结果最终以各种不同的形式在计算机中显示，这是决策支持系统中的最后一部分，称为结果展示。

2. 传统的决策支持系统结构模型

传统决策支持系统结构模型在 20 世纪 70 年代末与 80 年代初形成，其典型的表示为三库结构模型。在这种三库结构模型中，由数据库存放数据，由方法库存放算法，模型库由若干方法组成，而展示则由若干种计算机的表示形式（如表格、图示、图形、曲线等）组成，它接收来自模型计算结果的输出信息，将其转换成计算机中合适的表示形式，并最终输出。

传统决策支持系统结构模型到 20 世纪 80 年代中期已趋成熟和完善，并涌现出大量有效的应用系统，同时还出现了不少相应的开发工具，为以后的计算机的发展提供了良好的基础。

但是，随着应用的不断扩充，初期的传统决策支持系统结构模型已逐渐暴露出不足，主要表现在以下三方面。

①对数据的认识不足。传统数据库中的数据无法满足决策支持系统中对数据的要求，特别是对分析型数据的要求以及对多数据源的要求。

②对算法与模型的认识不足。传统的算法以演绎型数学算法为主，其所构成的模型也以数学模型为主，已无法满足决策支持系统中复杂模型的要求。复杂模型包括演绎型模型、归纳型模型以及各种混合型模型，其中特别是对归纳型模型的要求。

③对展示的认识不足。传统决策支持系统结构模型的展示能力差，在可视化技术与网络技术发展的今日已远远不能适应应用的要求。

3. 决策支持系统方面取得的成就

到 20 世纪 90 年代初期，决策支持系统领域出现了重大变革，其标志性的成果如下。

① 1990 年，美国恩门（W. H. Inmon）所提出的数据仓库（Data Warehouse，DW）概念。

② 20 世纪 90 年代中期提出联机分析处理与数据挖掘概念。

③ 20 世纪 90 年代以来，网络技术及可视化技术的发展为展示技术提供了新的支撑。将它们综合在一起，使决策支持系统的技术水平提高到一个新的阶段。

4. 新的决策支持系统结构模型的构成及优势

（1）决策支持系统构成

到目前为止，决策支持系统已形成一种新的结构模型，由如下几部分组成。

①以数据仓库为核心的数据支持系统，其特点是以统计、决策型数据为主。

②以数据挖掘为核心的算法支持系统，其特点是算法中不仅包括演绎型算法，更主要的是包括归纳型算法。此外，还包括以联机分析处理为核心的分析方法。

③以现代可视化技术与网络技术为核心的展示支持系统，其特点是多种形式的展示方法。

④由数据仓库与数据挖掘、联机分析处理为核心所组成的决策支持系统模式。

以上四部分构成了决策支持系统的新的结构模型。

（2）决策支持系统优势

新的决策支持系统结构模型具有较为优越的特性，与之前的模型相比，它的优势体现在以下五方面。

①新的结构模型能较好反映决策支持系统的有效展示能力。

②新的结构模型能较好反映决策支持系统对数据的真实要求。

③新的结构模型能较好反映决策支持系统的更为深刻的建模能力。

④新的结构模型具有更为广泛的应用性与适用性，它使决策支持系统成为当代最具生命力的学科。

⑤新的结构模型具有多种学科的集成性，它将决策支持系统与联机分析处理、数据仓库、数据挖掘等新学科集成在一起，构成了一门更具活力的新学科。

第六章　计算机软件的开发流程分析

软件工程是关于软件产品研发与维护的工程方法学，是软件开发者——软件项目负责人、软件分析师、软件设计师、软件程序员、软件测试员研发与维护软件时的作业指南。软件工程正随软件产业的发展而进步。目前软件工程已是计算机科学领域中的一个重要分支，其已有了结构化、面向对象等比较成熟的工程方法学体系，并已有了对技术、管理、经济的比较全面的工程方法支持。然而，直至今天，软件工程还仍处于成长过程中，仍需要工程探索，需要逐步完善。

第一节　软件的开发计划阶段

一、系统可行性分析

（一）可行性研究的目的

软件可行性研究的目的就是用最小的代价在尽可能短的时间内确定该软件项目是否能够开发，是否值得去开发。注意，可行性研究的目的不是去开发一个软件项目，而是研究这个软件项目是否值得去开发，其中的问题能否解决。可行性研究实质上是要进行一次简化、压缩了的需求分析和设计过程，是要在较高层次上以较抽象的方式进行需求分析和设计过程。可行性研究的内容包括经济可行性、技术可行性、社会可行性、开发方案的操作性与选择性研究。下面简要介绍经济可行性和技术可行性。

1. 技术可行性分析

技术可行性分析是可行性研究的重要内容。技术可行性分析最主要是完成 3 个方面分析。

①在给定的时间内能否实现系统定义中的功能。如果在项目开发过程中遇到难以克服的技术问题，轻则拖延进度，重则终止项目。

②软件的质量如何？有些应用对实时性要求很高，如果软件运行速度很慢，即便具备很多功能也毫无实用价值。有些高风险的应用对软件的正确性与精确性要求极高，如果软件出了差错而造成客户利益损失，那么软件开发方就要承担全部的责任。

③软件的生产率如何？如果生产率低下，能赚到的钱就少，并且会逐渐丧失竞争力，在统计软件总的开发时间时，不能漏掉用于维护的时间。如果软件的质量不好，将会导致维护的代价很高，企图通过偷工减料而提高生产率，是得不偿失的事。

2. 经济可行性分析

经济可行性就是通过成本效益分析，评估系统的经济效益是否超过它的开发成本，也就是给出系统开发的成本论证，并将估算的成本与预期的利润进行对比，分析系统开发对其他产品或利润的影响。

（1）系统成本

购置硬件 / 软件；有关设备的工程安装费用；系统开发费；系统的安装、运行和维护费用；人员培训费用等。

（2）系统效益

①经济效益，系统为用户增加的经济收入，它可以通过直接的或者统计的方法估算；②社会效益，只能用定性的方法估算。如产品广告宣传、影响。

（二）可行性研究的步骤

可行性研究的具体步骤如下。

①确定项目规模和目标。分析员对有关人员进行调查访问，仔细阅读和分析有关资料，对项目的规模和目标进行定义与确认，清晰地描述项目的一切限制和约束，确保分析员正在解决的问题确实是要解决的问题。

②研究正在运行的系统。正在运行的系统可能是一个人工操作的系统，也可能是旧的计算机系统，因而需要开发一个新的计算机系统来代替现有系统。现有的系统是信息的重要来源，人们需要研究它的基本功能存在什么问题，运行需要多少费用；新系统有什么新的功能要求，新系统运行时能否减少使用费用等。

③建立新系统的高层逻辑模型。注意，现在还不是软件需求分析阶段，不是完整详细的描述，只是概括地描述高层的数据处理和流动。

④导出和评价各种方案。分析员建立了新系统的高层逻辑模型之后，要从技术角度，提出实现高层逻辑模型的不同方案，即导出若干较高层次的物理解法。根据技术可行件、经济可行性和社会可行性对各种方案进行评估，

去掉行不通的解法，得到可行的解法。

⑤推荐可行的方案。根据上述可行性研究的结果，应该决定该项目是否值得去开发。若值得开发，那么可行的解决方案是什么，并且说明该方案是可行的原因。

⑥编写可行性研究报告。将上述可行性研究过程的结果写成相应的文档，即可行性研究报告，提请用户和使用部门仔细审查，从而决定该项目是否进行开发，是否接受可行的实现方案。

二、软件开发计划

（一）软件开发计划的内容

在进行了可行性研究后，若开发软件系统可行，则接着要制定软件的开发计划。软件开发计划包括如下几个方面。

①计划概述：说明计划的各项主要工作；说明软件的功能、性能；为完成计划应具有的条件；用户及合同承包者完成工作的期限及其他限制条件；应交付的程序名称；所使用的语言及存储形式；应交付的文档。

②实施计划：说明任务的划分、各个任务的责任人、计划开发的进度、计划的预算、各阶段的费用支出、各阶段应完成的任务，用图表说明每项任务的开始和完成时间。

③人员组织及分工：所需人员类型、数量和组成结构。

④交付期限：最后完工日期。

1. 资源计算

人力资源，人力是软件开发中最重要的资源。在安排开发活动时必须考虑人员的情况，如技术水平、数量、专业设置，以及在开发过程中各个阶段对各种人员的需要。②硬件资源，硬件作为软件开发的一种工具，对其资源要求考虑三种情况，即宿主机、目标机、其他硬件设备。宿主机指在软件开发阶段使用的计算机和有关外部设备；目标机指运行所开发软件的计算机和外部设备；其他硬件设备指设备进行专用软件开发时，所需要的某些特殊的硬件资源。软件资源，软件资源可划分为支持软件和实用软件两类。其中，支持软件包括操作系统编译程序、数据库和图形包等开发工具。为促成软件的重复利用，可将一些实用软件结合到新的开发系统中去，建立可复用的软件部件库，以提高软件的生产率和质量。

2. 成本预算

成本预算就是要估计总的开发成本，并将总的开发费用合理地分配到开发的各个阶段中。采用确切的估算方法和估算模型是非常重要的。

3. 进度安排

进度安排要确定最终的软件提交日期，并在限定的日期内安排和分配工作量；或在合理利用各种资源分配工作量的基础上，确定最终交付日期形成一份管理性的软件文档，同时将软件的开发计划交给有关人员备查。

（二）软件开发计划进度安排

软件开发计划进度安排可以从两个不同的角度来考虑：一是计划的最后交付日期已经确定，负责开发工作的软件机构限制在一个规定的时间范围内分配其工作量；二是计划的最后交付日期由软件机构自己决定，可以从合理地利用各种资源的角度出发来分析工作量，而最后的交付日期则是在对软件各部分仔细进行分析之后才确定下来。但在实际工作中，人们经常遇到的是第一种情况而不是第二种情况。下面讨论在软件开发计划进度安排过程中的一些问题。

1. 人与工作量的关系

对于一个小型的软件开发计划来说，一个人就可以进行需求分析、设计、编码及测试等一系列工作。随着软件开发计划规模的增加，将有更多的人共同参与同一开发计划的工作。事实上，单纯地增加人员并不一定能提高开发计划的进度。

2. 安排的方法

计划人员需要协调可以使用的资源与开发计划工作量之间的关系；考虑各个任务之间的相互联系并尽可能合理安排工作；预见可能存在的问题或瓶颈现象并提出应付措施；规定各阶段完成的标志，组织复审和指定应交付的文档，这些将准确地反映出开发工作进展的情况。

一个软件开发计划的进度安排与任何一个多重任务开发工作的进度安排类似，因此，只要稍加修改，一般的研制项目进度安排工具和技术都可以应用于软件开发计划进度安排，如计划评审技术、甘特图、时间网状图和关键路径方法等。有关软件开发计划安排的具体方法和管理等内容，属于软件管理的范畴。

三、软件的需求分析理论

软件需求是用户为解决某个问题或达到某个目标而需具备的条件或能力。系统或系统组件为符合合同、标准、规范或其他正式文档而必须满足的条件或必须具备的能力。以上所述为定义条件和能力的文档表达。这一定义既体现了用户对需求的看法（系统的外部行为），也代表了开发人员的观点，一些深层次的特性术语用户隶属于涉众，因为并非所有涉众都是用户。产品为涉众提供价值而必须具备的特性。显然，需求没有一个统一的定义。为了便于交流，需要协商来决定一组限定词来修饰“需求”这个内涵丰富的术语。并认识到用可通用的形式记录需求的重要性。

（一）需求分析的目标和任务

①对实现软件的功能做全面的描述，帮助用户判断实现功能的正确性、一致性和完整性，促使用户在软件设计启动之前周密地、全面地思考软件需求。

②了解和描述软件实现所需的全部信息，为软件设计、确认和验证提供一个基准。

③为软件管理人员进行软件成本计价和编制软件开发计划书提供依据。

需求分析的具体内容可以归纳为六个方面：软件的功能需求，软件与硬件或其他外部系统接口，软件的非功能性需求，软件的反向需求，软件设计和实现上的限制，阅读支持信息。

软件需求分析应尽量提供软件实现功能需求的全部信息，使得软件设计人员和软件测试人员不再需要需求方的接触。这就要求软件需求分析内容应正确、完整、一致和可验证。此外，为保证软件设计质量，便于软件功能的休整和验证，软件需求表达要求无岔意性，并具有可追踪性和可修改性。

（二）需求分析的过程

软件需求分析的过程主要包括获取用户需求、分析用户需求、编写需求文档、进行需求评审等几个阶段。

1. 获取用户需求

在此阶段，必须充分地了解用户目标、业务内容、系统流程，通过各种方式与用户进行广泛的交流，然后确定系统的整体目标和工作范围，弄清楚所有数据项的来源及数据的流动情况。

2. 分析用户需求

在此阶段，分析人员从数据流和数据结构出发，根据功能需求、性能需求和环境需求，分析是否满足用户要求、是否合理，然后把数据流和数据结构综合成系统的解决方案，给出目标系统的逻辑模型。分析和综合工作需要反复进行。

3. 编写需求文档

在此阶段，需要把已经确定的需求清晰准确地描述出来，描述需求的文档称为需求规格说明书。需求文档可以采用结构化语言编写文本型的文档，也可以建立图形化的模型，还可以使用数学上精确的形式化逻辑语言来定义需求。

4. 进行需求评审

需求分析直接关系到软件开发计划能否顺利进行，因此要求进行需求评审来控制需求分析的质量。需求评审可以通过内部评审、同行评审、用户评审等方式进行，在需求分析评审中，用户的意见是第一位的。

（三）需求分析的要求

软件需求分析是使用户需求具体化，并最终使需求满足用户要求。通常软件需求分析的基本要求包括以下几个方面。

①完整性。在需求分析中，没有遗漏用户的任何一个必要的要求。

②一致性。在需求分析中，用户和开发人员对于需求的理解应当是一致的。

③现实性。需求应当是以现有的开发技术作为基础来实现的。

④有效性。需求必须是正确且有效的，保证可以解决用户真正存在的问题。

⑤可验证性。对于已经定义的需求是可以准确验证的。

⑥可跟踪性。对于已经定义的功能、性能可以被追溯到用户最初的需求。

（四）需求分析方法

软件需求分析方法由对软件的数据域和功能域的系统分析过程及其表示方法组成。它定义了表示系统逻辑视图和物理视图的方式。大多数的需求分析方法是由数据驱动的，也就是这些方法提供了一种表示数据域的机制，分析人员根据这种表示，确定软件功能及其他特性，最终建立一个待开发软件的抽象模型，即目标系统的逻辑模型。数据域具有三种属性：数据流、数据内容和数据结构。通常，一种需求分析方法总要利用其中的一种或几种属性。

传统需求分析即结构化分析（Structured Analysis）方法简称“SA”方法，它是一种面向数据流的需求分析方法，适用于分析大型数据处理系统，是一种简单、实用的方法。结构化分析方法的基本思想是自顶向下逐层分解。分解和抽象是人们控制问题复杂性的两种基本手段。对于一个复杂的问题，人们很难一次性考虑到问题的所有方面和全部细节，通常可以把一个大问题分成若干个小问题，每个小问题再分成若干个更小的问题，经过多次逐层分解，每个最底层的问题都是足够简单、容易解决的，于是复杂的问题也就迎刃而解了。

结构化分析方法的实质是着眼于数据流，自顶向下，逐层分解，建立系统的处理流程，以数据流图和数据字典为主要工具，建立系统的逻辑模型。结构化分析的步骤如下。

①通过对用户的调查，以软件的需求为线索，获得当前系统的具体模型。

②去掉具体模型中非本质因素，抽象出当前系统的逻辑模型。

③根据计算机的特点分析当前系统与目标系统的差别，建立目标系统的逻辑模型。

④完善目标系统并补充细节，写出目标系统的软件需求规格说明。

⑤评审，直到确认完全符合用户对软件的需求。

（五）面向对象的分析

1. 面向对象方法

面向对象方法 = 对象（类）+ 结构 + 继承 + 消息（通）。其中，对象是一组属性和服务的封装体，它是问题空间中某一事物的抽象。这个公式仅仅表达了面向对象方法中几个重要的特征。面向对象方法使得软件人员可以采用 3 个基本组织模式来定义和传递系统的需求，即对象和属性分类结构、组装结构。同时，面向对象分析和设计采用相同的一致的表示方法，实现了分析结果到设计的无缝衔接。用面向对象方法所获得的模型是对问题空间的完整的、直接的影射。

2. 面向对象分析过程

面向对象方法实际上是一整套的软件开发方法，它包括面向对象的分析（OOA）、面向对象的设计（OOD）、面向对象的编程（OOP）、面向对象的测试（OOT）等，可以看出面向对象方法可以贯穿软件开发的整个过程。面向对象方法的关键是识别问题域内的对象，并分析它们相互间的关系，最终建立起问题域的简洁、精确、可理解的模型，这是面向对象分析的首要任务。面向对象分析过程一般也是从分析用户需求开始的，然后要经过识别类与对象、确定属性与服务、识别对象之间的关系、划分主题及建立主题图、定义用例、建立交互图等过程。在实际工作中，这些步骤并不是线性的，特别是大型问题，面向对象方法中的各个步骤可能是以某种交织、迭代或并行的方式进行的。

第二节　软件的系统设计

问题定义、可行性研究和需求分析构成了软件计划阶段，在这个阶段确定了系统的开发目标和系统需求规格，而软件开发阶段的任务是解决系统如何实现的问题。软件开发阶段包括概要设计、详细设计、编码和测试等。

一、软件概要设计概论

在概要设计过程中，需要完成的工作如下。

（一）制定规范

在进入软件开发阶段之初，应为软件开发组制定在设计时应共同遵守的标准，以便调整组内各成员的工作。

（二）软件系统结构的总体设计

采用某种设计方法，将系统按功能划分成模块的层次结构，确定每个模块的功能，确定模块间的调用关系。

（三）处理方式设计

确定为实现系统的功能需求所必需的算法，评估算法的性能；确定为满足系统的性能需求所必需的算法和模块间的控制方式，使得系统的周转时间、响应时间、吞吐量、精度等符合需求定义的目标。

（四）数据结构设计

确定输入、输出文件的详细的数据结构；结合算法设计，确定算法所必需的逻辑数据结构及其操作。

（五）可靠性设计

在软件开发一开始就要确定软件可靠性和其他质量指标，考虑相应措施，以使得软件易于修改和易于维护。

（六）编写概要设计阶段的文档

概要设计阶段需要编写的文档有概要设计说明书和初步的用户操作手册。概要设计的主要目标是把需求转换为软件的体系结构，而软件体系结构包括两部分：程序的模块结构和数据结构。

二、软件概要设计原理

（一）程序设计的模块结构

程序的模块结构表明了程序各个部件（模块）的组织情况，是软件的过程表示。模块结构分成两类：树状结构、网状结构。结构图反映程序中模块之间的层次调用关系和联系，以特定的符号表示模块、模块间的调用关系和模块间信息的传递。

①模块。模块用矩形框表示，并用模块的名字标记它。

②模块的调用关系和接口。模块之间用单向箭头连接，箭头从调用模块指向被调用模块，表示调用模块调用了被调用模块。

③模块间的信息传递。当一个模块调用另一个模块时，调用模块把数据或控制信息传送给被调用模块，以使被调用模块能够运行。而被调用模块在执行过程中又把它产生的数据或控制信息回送给调用模块。

（二）程序设计的数据结构

①确定软件涉及的文件系统的结构以及数据库的模式、子模式，进行数据完整性和安全性的设计。

②确定输入、输出文件的详细的数据结构。

③结合算法设计，确定算法所必需的逻辑数据结构及其操作。

④确定对逻辑数据结构所必需的那些操作的程序模块（软件包）。

⑤限制和确定各个数据设计决策的影响范围。

⑥若需要与操作系统或调度程序接口相关的所必需的控制表等数据，则确定其详细的数据结构和使用规则。

⑦数据的保护性设计。数据的保护性设计主要涉及以下两个方面。防卫性设计：在软件设计中就加入自动检错、报错和纠错的功能。一致性设计：其一是保证软件运行过程中所使用的数据的类型和取值范围不变；其二是在并发处理过程中使用封锁和解除封锁机制保持数据不被破坏。

三、软件设计的基本原则

软件设计阶段的任务就是将需求阶段逻辑系统描述转化为计算机可以实现的软件系统描述。也就是将逻辑系统中所描述的抽象的数据及其关系，转化为计算机能够表示和实现的数据结构文档描述，将逻辑系统中所描述的对数据的加工和处理，转化为计算机能够实现的算法的文档描述，最终形成采用适当的方式表示的系统（软件）设计说明书。需求分析就是将实际问题抽象成逻辑模型，这里讨论的软件设计就是试图设计一个符合逻辑模型的计算机软件解决方法，而针对同一逻辑模型的计算机软件解决方法，一般来说同一问题的不同的计算机解决方案往往来源于不同的设计方法和不同的设计习惯。一般来说，不能简单地定哪一种设计方法和设计习惯的优劣，需要根据软件设计的目标，再结合有关理论和原则进行综合评价。

（一）模块化与模块独立性

模块化与模块独立性是软件设计中非常重要的，也是关系非常密切的设计原则。

1. 模块化

例如，某一机器由各种零部件组成，某一大型工程由一些较小的项目组成。这样做的好处是便于加工制造，便于管理和维护。同样，对于一个复杂的大型软件系统来说，可把它划分成若干较小的程序单元，这些较小的程序单元就是模块。确切地说，模块是数据说明、可执行语句等程序对象的集合。模块可以被单独命名且可通过名字来访问，如过程、函数、子程序、宏等都可作为模块。在面向对象的方法学中，对象和对象内的方法也是模块。在软件的体系结构中，模块是可组合、分解和更换的单元。模块是构成程序的基本构件。模块具有以下几个基本属性。

①接口，指模块的输入与输出。

②功能，指模块实现什么功能。

③逻辑，描述内部如何实现要求的功能及所需的数据，即描述模块内部怎样做。

④状态，指该模块的运行环境，即模块的调用与被调用关系接口，功能与状态反映模块的外部特性，逻辑反映它的内部特性。在软件设计阶段通常首先要确定模块的外部特性，这就是软件总体设计需要解决的问题，其次再确定模块的内部特性，这就是软件详细设计需要解决的问题模块化，就是把程序划分成若干个模块，每个模块具有一个子功能，把这些模块集成起来构成一个整体，可以完成指定的功能，实现问题的求解。

如果把软件无限细分，那么最后开发软件所需要的工作量就小得可以忽略了。但是事实并非如此，因为影响软件开发工作量的因素还有许多，随着模块数目的增加，虽然开发单个模块需要的成本确实减少了，但是模块之间的接口的复杂程度和接口所需的工作量也成倍增加。根据这两个因素，目前，模块化方法已被广泛接受和应用，特别是在面向对象的软件开发模式中。因为对象就是模块，它是接口成本由一组属性和对这组属性进行操作的一组方法构成。因此在实际应用中只有合理地划分和组织模块，才能获得模块化所带来的好处，才能大大提高软件的生产效率和软件的质量。

2. 模块独立性

模块独立的概念是模块化、抽象、信息隐藏和局部化概念的直接结果。

所谓模块的独立性，是指软件系统中每个模块只涉及软件要求的具体的子功能，而和其他模块之间没有过多的相互作用。换句话说，若一个模块只具有单一的功能且与其他模块没有太多联系，那么就认为该模块具有独立性。

具有独立性的模块由于接口简单，在软件开发过程中比较容易被开发，在测试时也容易被测试和维护。一般使用两个定性标准来衡量模块的独立程度：合和内聚。合用于衡量不同模块彼此间互相依赖的紧密程度；内聚用于衡量一个模块内部各个元素彼此结合的紧密程度。

（二）抽象与细化

当我们考虑某一问题的模块化解决方案时，可以给出许多抽象级。在最高的抽象级上使用问题所处环境的语言以概括性的术语描述解决方案；在较低的抽象级上，将提供更详细的解决方案说明。当我们在不同的抽象级间移动时，力图创建过程抽象和数据抽象，过程抽象是指具有明确和有限功能的指令序列。过程抽象的命名暗示了这些功能，但是隐藏了具体的细节。过程抽象的例子如“开”门。“开”隐含了一长串的过程性步骤（如走到门前，伸出手并抓住把手，转动把手并拉门，离开打开的门等），数据抽象是描述数据对象的冠名数据集合。在过程抽象“开”的情形下，我们可以定义一个名为门的数据抽象，同任何数据对象一样，门的数据抽象将包含一组描述门的属性（如门的类型、转动方向、开门机构、重量和尺寸）。因此，过程抽象“开”将利用数据抽象门的属性中所包含的信息。

实际上，软件工程过程的每一步都是对软件解法的抽象层次的一次细化。在可行性研究阶段，软件作为系统的一个完整部件，在需求分析期间，软件是使用在问题环境内熟悉的方式描述的，它是最高程度的抽象；当由总体设计向详细设计过渡时，抽象的程度也就随之减少了，相当于在最高程度上进行了一次深入的细化；当源程序写出来以后，也就达到了抽象的最低层，完成了最高程度的细化。

（三）信息隐藏

信息隐藏是指在设计和确定模块时，使一个模块内包含的信息（过程和数据）对于不需要这些信息的模块来说，是不能访问的。也就是说，模块中所包括的信息不允许其他不需要这些信息的模块调用。隐藏意味着有效的模块化可以通过定义一组独立的模块来实现，这些独立的模块彼此间仅仅交换那些为了完成系统功能而必须交换的信息。

隐藏并不是隐藏有关模块的一切信息，而是隐藏模块的实现细节。通过抽象，可以确定组成软件的过程实体；而通过信息隐藏，则可以定义和实施对模块的过程细节和局部数据结构的存取限制。在面向对象方法中，对象的封装性很自然地支持了信息隐藏的思想。通过封装，对外界隐藏了对象的实现细节，把数据和实现操作的代码集中在对象内部。一个对象好像是一个不透明的黑盒子，表示对象状态的数据和实现操作的代码与局部数据，都被封装在黑盒子里，从外面是看不见的，更不能从外面直接访问或修改这些数据和代码。使用一个对象的时候，只需知道它向外界提供的接口形式，无须知道它的数据结构细节和实现操作的算法。

四、软件详细设计

在软件工程的历史进程中发展了一系列基本的软件设计概念。尽管多年来对于每种概念的关注程度不断变化，但它们都经历了时间的考验。每一种概念都为软件设计者提供了应用更加复杂的设计方法的基础。

有学者曾经说过："软件工程师的智慧源于认识到使程序工作和使程序正确之间的差异。"而基础的软件设计概念为使程序正确提供了必要的框架。

1. 软件详细设计的任务

软件详细设计的目的是为软件结构图（SC或HC）中的一个模块确定使用的算法和块内数据结构，并用某种选定的表达工具给出清晰的描述。表达工具可以由开发单位或设计人员自由选择，但它必须具有描述过程细节的能力，进而可在编码阶段能够直接将其翻译为用程序设计语言书写的源程序。这一阶段的主要任务如下。

①为每个模块确定采用的算法，选择某种适当的工具表达算法的过程，写出模块的详细过程性描述。

②确定每一模块使用的数据结构。

③确定模块接口的细节，包括对系统外部的接口和用户界面、对系统内部其他模块的接口，以及模块输入、输出数据及局部数据的全部细节。在详细设计结束时，应该把上述结果写入详细设计说明书，并且通过复审后形成正式文档，并交付给下一阶段（编码阶段）作为工作的依据。

④要为每一个模块设计一组测试用例，以便在编码阶段对模块代码进行预定的测试，模块的测试用例是软件测试设计计划的重要组成部分，通常应包括输入数据、期望输出等内容，负责详细设计的软件人员对模块的情况（包括功能、逻辑和接口）了解得最清楚，由他们在完成详细设计后接着提出对各个模块的测试要求。

2. 软件详细设计的原则

①由于详细设计的蓝图是给别人看的，所以模块的逻辑描述要清晰易读、正确可靠。

②采用结构化程序设计方法，可以改善控制结构，降低程序的复杂程度，从而提高程序的可读性、可测试性、可维护性。

五、软件详细设计表示方法

在数据和程序结构建立后，就可以进入详细设计。详细设计中应采用合适的方式来描述模块内问题解决过程的细节，采用结构化的图形设计表示法是人们易于使用和理解的方式。常用的图形设计表示法有程序流程图、盒图等。

结构化的程序设计中所有的程序过程仅使用三种基本的控制结构来描述，这三种基本结构是顺序结构、选择结构和循环结构。其中，选择结构又分双选择及多情况选择两种，循环结构又分先判定型循环及后判定型循环。程序流程图也称为程序框图。程序流程图常使用的五种基本控制结构：顺序型、选择型、多情况选择型、先判定型循环、后判定型循环。

第三节　软件的系统实现

一、系统软件的定义

系统软件是指控制和协调计算机及外部设备，支持应用软件开发和运行的系统，是无须用户干预的各种程序的集合，主要功能是调度、监控和维护计算机系统；负责管理计算机系统中各种独立的硬件，使得它们可以协调工作。系统软件使得计算机使用者和其他软件将计算机当作一个整体而不需要顾及底层每个硬件是如何工作的。

二、程序设计语言的特征和选择

（一）程序设计语言的特征

程序设计语言有三个特性：心理特性、工程特性和技术特性。

1. 心理特性

心理特性是指影响程序员心理的语言性能，包括歧义性、简洁性、局部性、顺序性等几个方面。①歧义性是指某些语言虽然在编译程序中只有一种解释，但在人们看来却可能产生两种或多种不同的解释；②简洁性是指人们必须记住的语言成分的数量；③局部性是指语言的联想性，模块的高内聚低耦合使局部性得以加强，提供异常处理的语言特性则削弱局部性。④顺序性强则使人们易于理解和接受，反之则需要更多时间来学习。

2. 工程特性

从软件工程的观点出发，程序设计语言的特性着重考虑软件开发项目的需要，因此对程序编码有如下要求：①可移植性，是指程序从一个计算机环境移植到另外一个计算机环境的容易程度；②软件的可重用性，指编程语言能否提供可重用的软件成分，重用时需要修改调整的内容数量；③可维护性，一个易读懂和易修改的软件就是可维护性好的软件。

3. 技术特性

技术特性包括可移植性、运行效率和控制结构等。

（二）程序设计语言的选择

在计算机上应用的语言是一种形式语言，即所谓的程序设计语言。它是程序的集合，是人与计算机交换信息的工具，是人们根据描述实际问题的需要而设计的。人们学习计算机基础知识和培养应用能力通常都是从掌握一门具体的程序设计语言起步的。程序设计语言是计算机科学技术领域中最活跃、最贴近实际应用和最富有创造性成果的分支之一。从第一台电子计算机问世以来，已经历了由低级到高级的三个发展阶段，即机器语言阶段、汇编语言阶段和高级语言阶段。到目前为止，程序设计语言已发展多达数千种。在实际应用中，常用的程序设计语言也有十余种，即使是计算机专业人员对种类如此繁多的程序设计语言也不可能也没有必要全部涉及。因为各种程序设计语言都有特定的适用领域，因而在实际应用中，面对复杂、具体的应用，便存在着一个程序设计语言的选择问题。

实际选用语言时不能仅仅考虑理论上的标准，还必须同时考虑实用方面的各种限制。一般来说，从以下几个方面进行考虑。

①系统的应用领域。

②用户的要求。

③软件的执行环境。

④目标系统的性能要求。

⑤程序员的知识水平。

⑥软件的可移植性要求。

（三）程序设计风格

程序设计风格指一个人编制程序时所表现出来的特点、习惯逻辑思路等。在程序设计中要使程序结构合理、清晰，形成良好的编程习惯，对程序的要求不仅是可以在机器上执行，给出正确的结果，而且程序的调试和维护要方便，这就要求编写的程序不仅自己看得懂，而且也要让别人能看懂。主导的程序设计风格：清晰第一、效率第二。形成良好的程序设计风格，应考虑以下因素：源程序的文档化、数据说明方法、语句的结构、输入和输出、效率。

1. 源程序的文档化

符号名的命名：既要符合语法，又要有实际含义，以便理解程序功能视觉组织。在程序中利用空格、空行、缩进技巧使程序层次清晰。正确的程序注释包括序言性注释和功能性注释。序言性注释：一般位于程序的开头部分，它包括程序标题、程序功能说明、主要算法、接口说明、程序位置、开发简历、程序设计者及复审者、复审日期及修改日期等。功能性注释：一般嵌入源程序体中，用于描述语句或程序的主要功能。

2. 数据说明方法

①数据说明的次序规范化。各种不同种类的数据说明的次序，最好固定下来，易于查找数据属性。

②说明语句中变量安排有序化。多个语句中需要声明多个变量，建议按字母顺序排列。

③使用注释来说明复杂数据的结构。程序中可以使用注释来说明复杂数据的结构。

3. 语句的结构

程序编写过程中可以遵循以下原则：一行内只写一个语句；数据结构要有利于程序的简化，程序要模块化。

程序编写要做到：清晰第一，效率第二；尽量使用库函数；避免不必要的转移，避免采用复杂的条件语句；不要修补不好的程序，要重新编写。

4. 输入和输出

对输入数据要检查数据的合法性；交互式输入数据时应有必要的提示信息；应允许默认值，提高输入数据的效率；若用户输入某些数据后可能产生严重后果，应给用户输出必要提示并要求用户确认（容错处理）；输入格式要简单，使得输入的步骤和操作尽可能简单；当程序设计语言对输入格式有严格要求时，应保持输入格式与输入语句的一致性；输出数据的格式应清晰、美观；输出数据时要加上必要的提示信息。

5. 效率

需要注意的是，追求效率要建立在不破坏程序可读性或可靠性基础之上，要先使程序正确，再提高效率；要先使程序清晰，再提高程序效率。通常，效率主要指占用处理器时间和主存区域两个方面。好的编码可以提高效率，应记住以下三条原则。

①效率是一个性能要求，因而应该在需求分析阶段确定代码效率方面的要求。

②通过好的设计可以提高效率。

③程序的效率和程序的简明程度是一致的，不应该为了提高代码效率而牺牲程序的清晰性和可读性。

第四节　软件的测试与维护

一、软件测试

（一）软件测试的概念

软件测试是根据软件开发各阶段的规格说明和程序的内部结构而精心设计一批测试用例（即输入数据及其预期的输出结果），并利用这些测试用例去运行程序，以发现程序错误的过程。大量统计资料表明，软件测试的工作量往往占软件开发总工作量的 40% 以上，在极端情况下，软件测试所花费的成本，可能相当于软件工程其他开发步骤总成本的 3 ~ 5 倍。因此，必须高度重视软件测试工作。软件测试在软件生存期中横跨两个阶段。通常在编写每一个模块之后就对它做必要的测试，称为单元测试，编码与单元测试属于软件生存期中间的一个阶段，在结束这个阶段之后对软件系统还要进行各种综合测试，这是软件生存期的另一个独立的测试阶段，通常由专门的测试人员承担这项工作。综合测试是在系统各单元设计、测试完毕的基础上，将它们组合成一个完整的系统进行功能、需求、规格等方面的测试。测试的方法分为两种：一种是逻辑性测试，其测试内容主要是根据设计规格书，检查各单元的各条路径，测试手段可用语句覆盖、判定覆盖、条件覆盖和条件组合覆盖等方法；另一种是功能性测试，其考试内容主要是根据需求规格书，检查程序所能完成的功能，以及应满足的性能等，其测试手段可用等价类划分和边界值分析法等。

实施测试时，应注意收集有关的数据，为软件维护和可靠性评估提供重要依据，这也在一定程度上说明了软件的整体质量。除此之外，软件的设计者可通过测试积累经验和教训，不断提高软件设计水平。软件的测试技术必须要求理论与实践相结合。尽管测试与程序正确性证明技术相比是一种不完善的技术，但目前程序正确性证明技术还远没有达到大规模软件验证的实用阶段。即使有了正确性证明程序，也仍然需要软件测试，因为程序正确性证明只能证明程序功能是正确的，并不能证明程序的动态特性是符合要求的。另外，正确性证明过程十分复杂，本身也可能发生错误，所以到目前为止软件质量主要靠软件测试来保证。测试只能证明程序有错，不能保证程序无错，所以，有必要进一步对测试技术的理论和实践进行研究，向着测试的自动化方向发展。

（二）软件测试方法

软件测试的分类方法多种多样，关键是应该理解每一种测试的功能、意义及适用范围，以便在实际的测试中进行合理的选择，以下的分类仅供读者参考。

1. 按测试步骤与策略来分

按测试步骤与策略来分，软件测试方法可分为单元测试、集成测试、确认测试、系统测试、Alpha 测试和 Beta 测试。

2. 按测试技术来分

按测试技术来分，软件测试方法可分为白盒测试与黑盒测试。

3. 按测试的环境来分

按测试的环境来分，软件测试方法可分为静态分析与动态测试。静态分析无须执行被测代码，对需求分析说明书、设计说明书、源程序结构与流程分析等进行审查以期找出软件中的错误。采用的测试形式也多种多样，如审查会（评审会）、代码复审和静态检验等。在软件静态分析技术中，软件（文档 / 代码）的运行环境是在人脑中模拟生成的。通常情况下，通过良好的静态分析可发现软件中 30% ~ 70% 有关逻辑设计与编码的错误。动态测试是将程序看作一个函数，全体输入作为函数的定义域，输出的全体称为函数的值域。函数则描述了输入的定义域与输出的值域之间的关系。

动态测试的基本思想：①选取定义域中的有效值或定义域外的无效值；②根据程序的功能预测输出的结果；③将选取值作为程序的输入，执行程序；④观察程序的输出并记录；⑤将输出结果与预测结果进行比较，如不一致则说明程序存在错误，如一致则选择下组值重复进行。大部分测试方法都属于动态测试。

4. 按测试的功能来分

按测试的功能来分，软件测试方法分为配置测试、兼容性测试、语言测试、易用性测试、文档测试、特殊测试等。

（1）配置测试

配置测试是指使用各种硬件来测试软件操作的过程。任何一种软件都有其运行平台的基本要求，但在这些硬件平台上软件是否能正常运行就是配置测试所要完成的任务。测试的重点应放在各种不同的硬件组合对软件运行的影响上。例如，不同类型的打印机，不同芯片的声卡、显卡与网卡，不同的显示模式与分辨率，不同的驱动程序。由于计算机的外部设备种类繁多，因此不可能也没必要对每一种硬件组合都进行测试，可以选择一些当时比较流行的典型配置来进行，针对每一种配置测试用例完成测试。

（2）兼容性测试

兼容性测试主要是测试软件与其他软件能否相互兼容、能否正确协作。如软件运行操作系统兼容性、Web 浏览器的兼容性、数据库的兼容性、数据共享的兼容性、标准与规范的兼容性等。兼容性测试也是非常繁杂的，因为在现在的计算机上通常会运行数千个应用程序。当然，软件测试时不可能在一个操作系统上全部测试数千个应用程序，关键是选择哪些测试是最重要的，选择的原则如下。

①流行程度，选择前 100 个或数百个最流行的程序。

②年头，应该选择近三年以内的程序与版本。

③类型，根据应用程序的类型，在每一种类型中选择相应的软件进行测试。

（3）语言测试

语言测试是指软件对外国语言适应情况的测试。大多数软件的发行有可能是面向全世界的。测试的重点在于语言的翻译问题、文本的扩展问题、代码的转换问题、本地化的习惯问题、硬件配置与兼容性问题等。

（4）易用性测试

易用性测试主要是针对用户界面（UI）的测试。一个优秀的用户界面应该包含符合标准与规范、直观性、一致性、灵活性、舒适性、正确性和实用性等 7 个要素。用户界面在整个软件中占有相当重要的地位，因为软件的最终用户正是通过用户界面来使用软件的所有功能的。软件测试人员是第一个用各种方式使用软件的人，如果软件对于测试人员来说都难以使用或者没有意义，那么最终用户的感觉可想而知。

（5）文档测试

文档测试的任务是保证与软件相关的文档的正确性。现代软件的规模越来越大，仅靠一个 readme 文件或在包装盒内放的一张卡片来说明软件的现象基本上不出现了。现代软件在交付运行或发布时会包括许多文档资料，如包装文字与图形、市场宣传材料、授权/注册登记表、最终用户许可协议（EULA）、各种标签、安装与设置向导、联机帮助、指南与向导样例、示例与模板、错误提示信息等。一套好的软件文档，第一，可以提高软件的易用性；第二，可以提高可靠性；第三，还能降低产品的支持费用。所以作为一个软件测试人员，对待软件文档要像对待代码一样，给予同样的关注与投入。

（6）特殊测试

特殊测试是指对那些具有特殊体系结构且运行于特殊环境下的软件测试。如网站的测试、C/S 与 B/S 体系结构的应用程序的测试、嵌入式系统的测试、实时系统的测试等。

（三）软件测试用例

任何软件的测试都必须是有计划、有组织的，不能是随意的。软件测试计划就是组织调控整个测试过程的指导性文件。在软件测试计划中有一个重要的组成部分就是测试用例的说明。所谓测试用例，是指为某个测试目标而编制的一组测试输入、执行条件及预期结果的方案，以便测试某个程序路径或核实是否满足某个特定需求。

1. 测试用例的设计

测试用例就是一个文档，描述输入、动作，或者时间和一个期望的结果，其目的是确定应用程序的某个特性是否正常的工作。软件测试用例的基本要素包括测试用例编号、测试标题、重要级别、测试输入、操作步骤、预期结果。

2. 测试用例的编写

测试用例的编写至今没有一个统一的格式与标准，也没有一个通用的编写工具。在实际工作中，通常可采用文字处理软件或电子表格软件来编写。但无论使用何种软件去编写，通常应包含以下内容。

①编号：唯一编号。

②前置条件：说明测试路径。

③输入：输入的条件。

④期望输出：期望输出的结果。

⑤实际输出：实际输出的结果。

⑥是否正确：是 / 否。

⑦执行人：测试用例执行人标志。

⑧执行时间：测试用例执行的时间。

3. 黑盒测试及其测试用例设计

黑盒测试就是测试人员把软件产品（可阶段性产品）看作一个黑盒，在测试过程中测试人员只需关心对这个软件黑盒进行操作会得到什么样的结果，而不必深入地去了解它的内部现有机制所进行的测试活动。

例如，在 Windows 的命令行中输入字符串“dr”就可以得到当前目录下的子目录及文件的列表。而输入“tasklist”后就得到一张正在系统中运行的任务的列表。在以上操作中不必去考虑命令行解析器会如何解析输入的字符串，也不必考虑系统如何获取我们想要的信息并如何把它显示在屏幕上，这就是黑盒处理机制。我们只关心输入的和想要得到的输出。如果在初始条件确定的情况下，一组确定的输入经过软件产品这个黑盒进行处理后并没有得到期望的结果（Expected Result），则说明此时就发现了一个软件的缺陷。

使用黑盒测试首先必须知道被测试的程序模块的功能（输入什么应该得到什么），了解程序的功能后，就可以选择合适的测试用例对其进行测试。在黑盒测试中如何去设计和选择测试用例呢？很显然，最理想的方法是采用穷举法测试，即将所有可能的输入信息（包括有效的与无效的）都输入一遍，测试其输出结果是否是预期的结果。但这种测试方法由于其测试工作量异常巨大而无法完成。因此在实际的测试中，一般使用具有代表性的测试用例来进行有限的测试，只要这些具有代表性的用例通过了测试就可以证明程序对于其他相似的用例肯定也是正确的。

测试用例主要面向软件文档说明中的功能、性能、接口、用户界面等。一般有三种方法来设计测试用例：等价类划分法、边界值分析法和错误推测法。

（1）等价类划分法

所谓等价类划分是指一套被选择的值，这些值分别代表了许多众多的可能输入值，程序对其处理的方式都是一样的。等价类划分是一种典型的黑盒测试方法，使用这一方法时，完全不用考虑程序的内部结构，只需依据程序的规格说明来设计测试用例。等价类划分方法把所有可能的输入数据，即程序的输入域划分成若干部分，然后从每一部分中选取少数有代表性的数据作为测试用例。

等价类划分有两种不同的情况：①有效等价类，是指对于程序的规格说明来说，是合理的，是有意义的输入数据构成的集合；②无效等价类，是指对于程序的规格说明来说，是不合理的，是无意义的输入数据构成的集合。在设计测试用例时，要同时考虑有效等价类和无效等价类的设计。

（2）边界值分析法

在设计测试用例确定输入和输出参数时，大多数情况下都是用边界值分析法，采用边界值分析设计的测试用例发现程序错误能力最强。边界值分析也是一种黑盒测试方法，是对等价类划分方法的补充。人们从长期的测试工作经验得知，大量的错误发生在输入或输出范围的边界上，而不是发生在输入范围的内部。因此针对各种边界情况设计测试用例，可以查出更多的错误。

（3）错误推测法

人们也可以靠经验和直觉推测程序中可能存在的各种错误，从而有针对性地编写检查这些错误的例子，这就是错误推测法。错误推测法的基本思想是，列举出程序中所有可能有的错误和容易发生错误的特殊情况，根据它们选择测试用例。

4. 白盒测试及其测试用例设计

白盒测试是基于程序逻辑所进行的测试，测试人员必须完全了解程序的结构与处理过程。测试按照程序内部逻辑来进行，检验程序中的每条通路是否都能按照预定的要求正确工作，所以白盒测试也称为结构测试。白盒测试也可以分为静态白盒分析和动态白盒测试两种。

（1）静态白盒分析

静态白盒分析是在不执行的条件下有条理地仔细审查软件设计、体系结构和代码从而找出软件缺陷的过程，有时也称为结构分析或代码审查。静态白盒分析的目的是尽早地发现软件缺陷，以找出黑盒测试难以揭示或遇到的软件缺陷。应该说，静态白盒分析是捕捉缺陷或漏洞的第一张网，是非常重要的。它有以下四个基本要素。

①审查准备。每个参与审查的人可能在审查中扮演不同的角色，需要了解自己的责任与义务，并积极参与审查。

②遵守规则。审查应该遵守一套固定的规则，如审查的代码量、花费多少时间、哪些内容需要备注等。

③审查问题。静态白盒分析的首要任务是找出软件的问题——不仅仅是出错的项目，还应该包括遗漏的项目。

④编写报告。审查结束后，审查小组必须做出总结审查结果的书面报告并告知相关人员静态白盒分析一般应该以小组的形式（一般 4 ~ 5 人）进行，

小组长建议由没有直接参与这项工程的能力很强的程序员担任。

审查之前，小组成员应该先研究设计说明书，设计者扼要地介绍软件的设计，力图使各位成员能够理解这个设计。同时审查人员还应该收到软件代码的备份，以便检查并编写备注与问题，准备在审查过程中提问。审查会上，程序的编写人员要对小组陈述，逐行通读所编写的代码，解释代码是如何工作的及为什么要这样实现。审查人员仔细聆听陈述，提出疑义。对发现的问题或错误要加以记录并计划如何解决所发现的问题，以便审查结束后编写审查报告。

在进行静态白盒分析时，首先依据代码编制的标准或规范对代码进行先期检查，其次再审查代码本身可能存在的错误，重点从以下 7 个方面来进行。

①数据引用错误，指使用未经正确初始化用法和引用方式的变量、常量、数组、字符串或记录而导致的软件缺陷。

②检查所有变量是否都赋予了正确的长度与类型。

③计算错误。

④比较错误，比较与判断的错误一般也是边界值分析中的条件比较是否正确。是否存在浮点数之间的比较（尤其是相等），如果存在，精度问题是否会影响比较。

⑤控制流程错误，是指在程序中判断、循环等控制结构未按预期方式工作，它们通常是由计算或比较错误直接或间接造成的。

⑥子程序参数错误，是指子程序与调用程序之间不能正确地传递数据而产生的错误。调用程序与子程序的参数数量、类型、次序是否匹配，常量是否当成了形参传递，意外在子程序中改动了，子程序是否修改了仅作为输入值的参数，如果存在全局变量，在所有引用子程序中是否有相似的定义与属性。

⑦ I/O 错误，包括文件读取、接受键盘或者鼠标输入以及向输出设备写入错误等。

（2）动态白盒测试

动态白盒测试也就是通常所说的白盒测试。由于它是动态的，所以它一定要在运行的情况下测试。动态白盒测试的目的是保证一个模块中的所有独立路径至少被执行一次，对所有的逻辑值均需要测试真、假两个分支。

（四）调试

1. 调试方法

测试本身的目的是尽可能多地暴露程序中的错误，发现错误的最终目的还是为了改正错误。软件工程的根本目标是以较低的成本开发出高质量的完全符合用户要求的软件。因此在成功的测试之后，还必须进一步诊断和改正程序中的错误，这就是调试的任务。调试是软件开发过程中最艰巨的脑力劳动。调试开始时，软件工程师需要面对程序可能出现的错误，而问题的外部表象和内在原因之间往往没有明显的联系。在组成程序的数以万计的元素（语句、数据结构等）中，每一个都可能是错误的根源。如何在众多的程序元素中找出有错误的那个或那几个元素，这是调试过程中最关键的技术问题。调试过程由两个步骤组成，从表现程序中存在错误的某些迹象开始，首先确定错误的位置，找出哪个模块或哪些接口引起了错误，其次仔细研究这段代码以确定产生问题的原因，并设法改正错误。其中第一步找出错误的位置所需要的工作量最大，大约占调试总工作量的95%，下面重点讨论在有错误迹象时如何确定错误的位置。常用的一些调试方法包括输出存储内容、适当插入打印语句、使用专门的调试工具。

（1）输出存储内容

这种方法通常以八进制或十六进制的形式输出存储的内容。但如果单独依靠这种方法进行调试，则效率很低。这种方法的不足之处主要是：很难把存储单元和源程序变量对应起来；输出信息量极大，而且大部分是用无用的信息；输出的是程序静态图像（程序在某时刻的状态），然而为了找出故障往往需要研究程序的动态行为（状态随时间变化的情况）；输出的存储器内容常常并不是程序出错时的状态，因此不一定能提供有用的线索；输出信息的形式不易阅读和理解。

（2）适当插入打印语句

这种方法把程序设计语言提供的标准打印语句插在源程序的各个部分，以便输出关键变量的值。它显示程序的动态行为，而且给出的信息容易和源程序对应起来。这种方法的不足之处主要是：可能输出大量需要分析的信息，对于大型程序系统来说更是如此，必须修改源程序才能插入打印语句，但是这可能改变了程序原有关键代码间的关系，从而既可能掩盖错误，又可能引入新的错误。

（3）使用专门的调试工具

不需要修改源程序，利用程序设计语言的调试功能或专门的软件工具分析程序的动态行为。可利用提供的典型语言功能输出有关语句执行、子程序调用和更改指定变量的踪迹。用于调试的软件工具的共同功能是设置断点，即当执行到特定的语句或改变特定变量的值时，程序停止执行，程序员可以从终端上观察程序此时的状态。

2. 调试策略

调试过程的关键不是调试技术，而是用来推断错误原因的基本策略。通常调试策略有以下几种。

（1）试探法

试探法是调试人员分析错误征兆，猜测故障的大致位置，然后使用前述的某种调试方法，获取程序中被怀疑的地方附近的信息，这种策略效率极低。

（2）回溯法

回溯法是在小程序中常用的一种有效的调试策略。一旦发现了错误，可以先分析错误现象，确定最先该错误的位置。然后，人工沿程序的控制流程，追踪源程序代码，直到找到错误根源或确定错误。

（3）归纳法

归纳法是一种从特殊推断到一般的系统化思考方法。归纳法调试的基本思想是：从一些线索（错误征兆）着手，通过分析它们之间的关系来找出错误，为此可能需要列出一系列相关的输入，然后看哪些输入数据的运行结果是正确的，哪些输入数据的运行结果有错误，然后按照如下的步骤进行错误原因分析。

①收集有关数据，包括已知的对于程序是正确和错误的数据。

②整理数据，发现规律，即在什么条件下出现错误，什么条件下不出现错误。

③根据规律提出假设。

④证明假设。证明假设的合理性是很重要的，不经证明就根据假设去排除故障，往往不能彻底解决问题。证明假设的方法，用它解释所有原始的测试结果，如果能圆满解释一切现象，则假设得到证实，否则，或是假设不成立、不完备，或是有多个故障同时存在。

（4）演绎法

从一般原理或前提出发，经过删除和精练推导结论。先列出所有看来可能成立的原因和假设，然后一个一个地排除列举出的原因，最后剩下的原因就是错误的根源。用演绎法调试主要有以下四个步骤。

①根据已有的数据，假设所有可能产生错误的原因。

②用已有的数据排除不正确的假设。如果所有的假设都被排除了，则需要补充数据（如补充测试）提出新的假设。

③精练余下的假设，使之更加具体化，以便较精确地确定故障位置。

④证明余下的假设，这一步十分重要，具体做法同归纳法中的步骤。

测试是软件生存周期中一个独立的、关键的阶段，也是保证软件质量的重要活动之一。为了提高发现错误的概率，使测试能有计划且有条不紊地进行，就必须编制相应测试文档。测试文档主要有测试计划和测试分析报告。测试计划的内容可细化为测试计划、测试设计说明、测试用例说明、测试规格说明。测试分析报告的内容可细化为测试日志、测试报告和测试总结报告等。

二、软件维护

（一）软件维护的概念

软件是逻辑产品，是根据人的需求而逐步构造出来的，在满足目标的情况下，经历了大量的测试工作之后，对于通用软件来说软件可以投放市场，对于定制产品来说可以上线投入使用。由于软件逻辑的复杂性，软件中隐藏的缺陷逐渐被暴露出来，这时需要软件开发商进行修改，以修正这些缺陷；由于需求的易变性，软件开发商需要针对变化的需要而做改动；由于软件环境和硬件的变化，软件开发商需要针对软硬件环境的变化而做改动；用户在使用软件的过程中，从使用方便性的角度也会提出一些修改建议；随着经验的积累，软件开发商在其他项目中获得的一些新技术也会改进到原来软件中。基于这些原因，软件维护是不可避免的。

①在软件产品交付使用后对其进行修改，以纠正故障。

②在软件产品交付使用后对其进行修改，以纠正故障，改进其性能和其他属性，以使产品适应改变了的环境。

（二）软件维护的四种类型

为了改正软件系统中的错误，使软件能够满足预期的正常运行状态的要求而进行的维护叫作改正性维护。经常推出新的系统或新的版本，外部设备及其他系统原件经常在改变，对外部设备的增加或者发生变更时所做的软件维护，称为适应性维护。当一个软件顺利地运行时，常常会出现第三项维护的活动：在维护的使用过程中用户往往会提出增加新功能或修改已有功能的建议，还有可能提出一些改进的意见，为了满足这类要求，需要进行完善性的维护，据统计，这类维护活动通常占软件维护的一半左右。为了改进软件执行效率，提高可靠性和可维护性而进行的维护是第四项维护的内容。

维护类型来自用户，但用户的看法有可能与维护人员的评价不一致。当出现意见不一致时，维护人员应该对维护问题做进一步的分析，与用户做进一步的协商，并以此为依据重新确定维护类型。

对于改正性维护，需要先对错误的严重性进行评价。如果存在严重的错误，则必须立即安排维护人员进行紧急维护。而对于不太严重的错误，则可列入改错计划，并按照一定的优先顺序做出合适的维护安排。

对于适应性维护和完善性维护，需要先确定每项申请的优先次序。如果是高优先级申请，则应尽快启动维护，否则可将维护申请列入软件开发计划，并按照一定的优先顺序做出合适的维护安排。尽管维护申请的类型不同，但都要进行同样的技术性工作。主要的技术性工作有修改软件需求说明、修改软件设计、设计评审、对源程序做必要的修改、单元测试、集成测试（回归测试）、确认测试、软件配置评审等。在软件维护任务完成之后，应该对维护情况进行评审，以提供给开发机构有价值的反馈信息。主要评审内容有以下几项。

①设计、编码、测试中的哪些方面还可以改进？

②哪些维护资源应该有，但事实上却没有？

③维护工作中主要的或次要的障碍是什么？

④是否需要考虑预防性维护？

软件维护时还需要注意其副作用，在修正软件错误、完善软件功能的同时，也可能给软件带来新的问题，如使程序出现新的代码错误、使软件配置出现混乱。因此，一个经过维护的软件，还必须再经过用户验证并确认有效后才能进行配置存档与交付用户使用。

（三）软件的可维护性

软件可维护性是指维护人员为纠正软件的错误或缺陷以及满足新的需求而理解、修改和改进软件的难易程度。

1. 影响软件可维护性的因素

提高可维护性是支配软件工程方法论所有步骤的关键目标。维护就是在软件交付使用后进行的修改，修改之前必须理解修改的对象，修改之后应该进行必要的测试，以保证所做的修改是正确的。如果是改正性维护，还必须预先进行调试以确定故障。因此，影响软件可维护性的因素主要有下述三个。

（1）可理解性

软件可理解性表现为外来读者理解软件的结构、接口、功能和内部过程的难易程度。模块化、详细的设计文档、结构化设计、源代码内部的文档和良好的高级程序设计语言等，都对改进软件的可理解性有重要贡献。

（2）可测试性

诊断和测试的难易程度主要取决于软件容易理解的程度。良好的文档对诊断和测试是至关重要的。此外，软件结构、可用的测试工具和调试工具，以及以前设计的测试过程也都是非常重要的。维护人员应该能够得到在开发阶段用过的测试方案，以便进行回归测试。在设计阶段应该尽力把软件设计成容易测试和容易诊断的。

（3）可修改性

软件容易修改的程度和软件设计原理与规则直接有关。耦合、内聚、局部化、控制域与作用域的关系等，都影响软件的可修改性。

上述三个可维护性因素是紧密相关的。维护人员在正确理解一个程序之前根本不可能修改它；如果不能进行完善的诊断和测试，则表面正确的修改可能引进其他故障。

2. 提高可维护性的方法

为了延长软件的生存周期，提高软件的可维护性具有决定性的意义，采用的方法主要有以下五种。

（1）确定质量管理目标

可维护性是所有软件都应具备的基本特点。一个可维护的程序应该是可理解的、可修改的和可测试的。但是要实现所有这些目标，需要付出很大的代价，而且也不是一定能够完全实现的。因为有些维护属性之间是相互促进的，如可理解性和可测试性，可理解性和可修改性；有些维护属性之间则是相互抵触的。因此，尽管可维护性要求每一种维护属性都得到满足，但是它们的重要性是与程序的用途及计算机环境情况相关的。因此，在提出维护目标的同时规定好维护属性的优先级是非常必要的。这样对于提高软件的质量以及减少软件在生存周期的费用是非常有帮助的。在程序的开发阶段就应保证软件具有可理解性、可修改性和可测试性。在软件开发的每一个阶段都应尽力考虑软件的可维护性。

（2）规范化的程序设计风格

①模块化程序设计。模块化设计方法可提高程序的可修改性、可测试性，对某个模块的改动对其他模块影响不大。采用模块化设计方法，如果需要增加程序的某些功能，则只需增加完成这些功能的程序模块即可；对程序的测试及重复测试都较容易；对程序中的错误易寻找、易修改。

②结构化程序设计。利用结构化程序设计可提高程序的可理解性。

（3）选择可维护的程序设计语言

选择较好的程序设计语言对软件维护有很大的影响。低级语言（机器代码或汇编语言）是一般用户很难掌握和理解的，因而很难维护。高级语言比低级语言容易理解，具有更好的可维护性。新一代语言（如查询语言、图形语言、报表生成器等）比高级语言更容易理解、使用和修改。

（4）改进程序文档

程序文档是影响软件可维护性的另一个决定因素。它记载了程序的功能，程序各组成部分之间的关系；程序设计策略和程序实现过程的历史数据的说明与补充。

程序文档对提高程序的可理解性有着重要的作用。即使是一个相对简单的程序，要想有效地、迅速地对其进行维护，也需要编制文档对它的目的和任务进行解释。而对于程序的维护人员来说，要想对程序编写人员的意图进行重新修改，缺少文档的帮助是不可能实现的。

（5）保证软件质量审查方法

对于获得软件维护质量，保证质量审查是非常有用的方法。除了保证软件获得较高的质量外，对于在软件开发和维护阶段内所发生的质量变化也可以通过审查来检测。当审查的结果都有质量保证时，就可以及时采取措施纠正，以控制不断增加的软件成本。所有的软件开发组织都应该有质量保证部门。对底层来讲，保证质量是个人的职责，开发人员可以在任意级别上进行设计、评审和测试等工作。对高层来讲，为了达到软件质量的要求，需要建立相应的标准和过程，并保证每一项都得到执行。

第七章 计算机软件开发设计经验与技巧

软件设计是一个非常复杂的过程，其中包含了大量的人工智力活动，经过长时间的积累，每个软件开发人员都能总结出自己的一些经验和技巧。为了设计开发出高质量的软件，在软件开发设计的程序编写过程中，人们存有不少经验和技巧。只有在这方面做过长期工作，才能对这些经验和技巧有深刻的体会。若不熟悉一些程序设计开发过程中的经验技巧，则会在程序编写过程中走弯路，编写不出高效的代码，甚至出现隐含的错误。

第一节 软件工程过程中的经验与技巧

一、注重团队合作

现在应用软件工程的方法开发软件一般都是比较大型的软件系统，其工作量通常都不是少数几个人在短期内能完成的，这就涉及整个软件系统开发过程中团队合作的问题。在软件开发过程中，团队合作是一个非常关键的问题，处理不好，将影响整个系统开发的周期、成本及质量。

团队合作是一种为达到既定目标所显现出来的合作和协同努力的精神。它可以调动团队成员的所有资源和才智，并且会自动地驱除所有不和谐、不公正现象。

如何构建软件开发团队，取决于可供选择的人员、项目的需求以及组织的需求。下面简要阐述一下各种团队组织的策略。

有效的软件项目团队由担当各种角色的人员所组成，每位成员扮演一个或多个角色。可能一个人专门负责项目管理，而另一些人则积极地参与系统的设计与实现。常见的一些项目角色包括：分析师、策划师、数据库管理员、设计师、操作／支持工程师、程序员、项目经理、项目赞助者、质量保证工程师、需求分析师、主题专家（用户）、测试人员。

如何组织项目团队？是采用垂直方案、水平方案还是混合方案？以垂直方案组织的团队由多面手组成，每个成员都充当多重角色。以水平方案组织的团队由专家组成，每个成员充当一到两个角色。以混合方案组织的团队既包括多面手，又包括专家。

一个重要的考虑因素是可供选择的人员的性质。如果大多数人员是多面手，则往往需要采用垂直方案。同样，如果大多数人员是专家，则采用水平方案。如果引入了一些新人，即使这些人员都是合同工，则仍然需要优先考虑项目和组织。在此我们描述了形成团队组织的垂直、水平和混合方案，并指出了它们各自的优缺点。

（一）垂直团队组织

垂直团队由多面手组成。用例分配给了个人或小组，然后由他们从头至尾地实现用例。

优点：以单个用例为基础实现平滑的端到端开发；开发人员能够掌握更广泛的技能。

缺点：多面手通常是一些要价很高并且很难找到的顾问；多面手通常不具备快速解决具体问题所需要的特定技术专长；主题专家可能不得不和若干开发人员小组一起工作，从而增加了他们的负担；所有多面手水平各不相同。

成功因素：每个成员都按照一套共同的标准与准则工作；开发人员之间需要进行良好的沟通，以避免公共功能由不同的组来实现；公共功能和达成共识的体系结构需要尽早在项目中确立。

（二）水平团队组织

水平团队由专家组成。此类团队同时处理多个用例，每个成员都从事用例中有关其自身的方面。

优点：能高质量地完成项目各个方面（需求、设计等）的工作；一些外部小组，如用户或操作人员，只需要与了解他们确切要求的一小部分专家进行交互。

缺点：专家们通常无法意识到其他专业的重要性，导致项目的各方面之间缺乏联系；“后端”人员所需的信息可能无法由“前端”人员来收集；由于专家们的优先权、看法和需求互不相同，所以项目管理更为困难。

成功因素：团队成员之间良好的沟通，使得他们彼此了解各自的职责；制定了专家们必须遵循的工作流程和质量标准，从而提高了移交给其他专家的效率。

（三）混合团队组织

由于垂直团队组织和水平团队组织各有其优缺点，并且其优缺点又是互补关系，因此，可以将垂直团队组织和水平团队组织混合起来，形成一种混合组织方式，扬长避短，形成团队组织的最佳组合。

二、注重系统综合测试

在软件设计开发的各个阶段，都要进行相应的测试工作。在软件开发完成后，还必须进行软件的验收交付测试。在这里提出注重测试，主要是针对一些较小的软件系统。因为对于大型软件系统，诸如单元测试、集成测试、验收测试等各种测试，软件开发人员自然能认识到测试的重要性。然而，对于一些较小的软件系统，有的开发人员自认为经验丰富、软件又小，往往不重视测试，想当然地认为自己开发的软件一定是正确的。在美国铱星发射任务中，我国负责一部分卫星的发射任务。当卫星发射时间是午夜时，有可能出现时间跨天问题（时间跨天是指在一个完整的测控弧段内，时间要跨过晚上零点时刻。也就是各种数据在连续变化时，其标记的时间出现跳跃式变化，从23：59：59时刻跳变到00：00：00时刻，数值上不遵循连续变化的规律）。由于卫星测控数据处理分析需要应用前后几秒钟的数据，而前后的数据又是根据时间来判断的，因此时间跨天段数据处理比较复杂。当时，认为时间跨天不难，在卫星发射的前一天对软件在封存状态下私下进行了修改，即增加了时间跨天部分的软件（最早的任务没有出现时间跨天，软件中没有考虑时间跨天问题），经过多次推敲分析及单独运行，认为没有任何问题，然后通知时统、通信等设备开机，进行软件综合测试，结果发现引出错误，影响了测控软件系统时间，测控软件系统时间显示一直为00：00：000，最后只能舍去增加的软件部分，为了不影响任务，又暂且搁下了时间跨天这个问题（之后，在充足的时间条件内增加上了时间跨天部分软件。）

这个案例说明，有时单元测试没有错误，但实际综合测试时会出现问题，而且有的问题还比较严重。因此，再小的软件系统，也不能轻视测试，特别是综合测试。

三、选择合适的软件开发模型

一般来说，软件的开发模型主要有瀑布开发模型、统一过程模型和极限编程模型三种。各种模型都有其自身的优缺点，对于不同软件项目、不同层次的项目开发人员（团队），都应该根据情况选择合适的软件开发模型。

1. 瀑布开发模型

瀑布开发模型最能明确区分各个开发阶段，每个开发阶段结束前通常会产生明确的文件，当文件确认后，即代表该阶段结束并进入下一个阶段。瀑布式的开发方法建议系统遵循分析、设计、实现、测试等阶段逐步地完成系统创建，与“没有流程”的开发方式相比，它定义了几个重要的测试点，在每个测试点产生相关文件或模块供后续阶段参考。有了这些测试点，开发进度便不再如黑盒般隐秘不可知，从而有助于管理者确定整体进度。

瀑布开发模型的优点：①清楚的阶段区分，和一般的工程方法一样有明确的流程阶段，使项目的控制更为容易；②明确的文件成果，使得合同的签订、技术或管理的审查更为容易，也有利于项目后期的维护。然而，瀑布开发模型只有在每个测试点产生的文件都能完整地表现该阶段所必须具备的信息时，才不会产生错误，也即用户需求必须经分析后完整且正确地描述在分析文件中，设计师据此建立完整的设计图，最后再根据设计图设计完整的程序。就实际而言，即使这中间的过程没有太大的错误，用户需求也难保正确。综合来说，瀑布开发模型有以下问题。

①需求提供者没有办法正确、完整地表达需求。

②用户、分析师、设计师、程序员之间在传递信息上的误解。

③用户的需求经常变动。

基于以上原因，瀑布开发模型运用于大型项目以及需求变更幅度不大的系统。

2. 统一过程模型

统一过程模型强调迭代、递增和改良。迭代表示系统分析、设计、实现、测试与集成是反复不断地进行的；递增表示系统的需求是逐步增加的，并非一开始就必须全部收集完整；改良表示系统在开发过程中是不断改良的，而非仅在后期设置。

统一过程模型还有两项主要特色：①用例驱动，强调用户的价值，从用户的观点思考用户想要的是什么，需要的又是什么，开发者在项目开发过程中将会不断地检查其设计是否符合用例模型；②以架构为中心，强调尽早建立一个以组件为基础的架构，强调如何使用现有组件建立系统的架构。

统一过程模型与瀑布开发模型最大的区别在于，它将阶段与工作流分开，每个阶段都会执行相同的工作流，而主要区别是执行量的多少。

另外，统一过程模型还有一个无形的优点，就是可以尽早看到可以执行的软件系统，可以让用户尽早看到软件系统的雏形，以帮助系统设计开发人员根据用户的需求继续设计开发与完善项目。同时，对于低层次软件开发人员来说，也可以尽早让其看到工作成绩，增加完成工作的信心。

3. 极限编程模型

极限编程模型提出的目的是提倡更能“拥抱改变”的敏捷开发方式。极限编程的“极限”有着极端的含意，因为它提出了许多极端的做法，例如，极端地提倡多迭代开发方式，极端地要求用户参与，极端地强调测试的重要性等。极限编程模型的特性如下。

①客户驻点。客户代表也是开发团队的成员之一，在开发过程中全职参与开发团队的讨论。如此可以省去将需求文件化的时间，并避免阅读需求文件可能产生的错误。随时沟通、快速回馈是极限编程的特性。

②渐进式的规划。客户代表与开发团队一起确定需求。需求不是功能列表，而是一个个故事般的故事卡。按照故事卡的轻重缓急和风险，快速制定出项目的范围。

③频繁改版。快速将简单的系统上线，并在极短的时间内更换新版本。

④简单设计。任何时候，系统都应该尽可能设计得简单。极限编程强调设计并不是一次就可以达到完美，通过简单设计、测试与设计的改善，逐步修正设计，使系统可以符合用户需求与系统质量。一开始，过于复杂的设计会使设计花费的时间过长，用户及架构师无法立即对系统产生回馈。

⑤测试先行。先编写单元测试程序，以保证每个单元程序都正确。极限编程强调回馈，而良好的回馈需要好的测试。为了达到有效的测试，极限编程建议在编写程序之前先设计测试用例，并在编写程序结束后立即进行测试。只有当测试符合所定义的测试策略时，才可以将程序代码嵌入链接库中进行整合。极限编程强烈建议用自动化测试。

极限编程的各项原则都有互补的作用，一旦某项原则没有做好，就有可能带来危机。例如，若测试程序编写不完整，系统便无法通过测试来实现频繁改版后的稳定性。另外，极限编程强调的是程序而非文件，若程序重整得不够，使得设计不够简单，便有可能造成日后维护的困难。测试先行的方法不同于以往的软件开发，因为过去的软件开发过程是先进行程序设计，再进行测试用例的设计与执行。以测试为驱动的系统开发着重于系统未开始构建之前，就已先依照需求规格说明书规划并设计系统的测试用例，再着重于系统的程序实现，并且在程序开发过程中以原先的测试用例来执行相对应的白盒测试或功能测试。

四、充分认识需求分析的重要性

一般来说，设计开发一个软件系统，从商业的角度考虑，都需要做一些市场调研、可行性分析等，以决策是否值得设计开发该软件系统以及开发该软件系统的可行程度。而对于一些中小型软件系统，特别是当一些相似的软件系统已经存在时，则这样的中小型软件系统的可行性分析一般比较简单。有些软件系统可行性非常清楚，基本可以不用专门做可行性分析，因此，这样的软件系统前期工作主要是做一些市场调研等以确定软件完成后的收益情况。当软件系统的前期工作完成，并且相关人员做出决策，确定设计开发该软件系统之后，就正式进入了软件系统的设计开发阶段。软件系统设计开发阶段的首要任务是确定软件的功能及性能等，也就是说一开始的关键工作就是需求分析了。

前边提出，需求分析主要是分析软件系统要实现的功能，即对软件需要实现的各个功能进行详细分析。这个阶段非常重要，经常有些设计开发软件人员一看到软件设计任务，特别是对于一些小型软件，就想怎样编程实现，根本不考虑其他问题，而在开发编写程序的过程中，突然想起或经别人提醒发现，所编写的程序从功能上有好多方面没有考虑全面，这时程序需要进行大修改，甚至前期编写的程序需要重新编写，导致整个软件系统的开发成本、开发时间剧增，不能按质保量地及时完成任务。这样的问题发生的原因就是忽视了需求分析，没有全面地进行对设计的软件进行功能方面的分析。

另外，需求分析有时还要分析软件在非功能方面的需求。如运行时间、用户喜好的界面、数据处理的精度等，这些问题在某些软件系统中可能是非常重要的。例如，软件开发时没有考虑用户的喜好以及用户的使用特点等，假设软件其他部分设计得都非常好，就是界面不满意，用户肯定不会对软件有好评。对于用户来说，软件内部怎样实现他不关心，他只能看到软件系统的界面，他可能只关心软件界面是否友好，操作使用是否简单，输入、输出数据等是否符合他的要求，所以用户当然对界面不满意的软件不做好评了，开发人员的辛苦工作就得不到认可。

还有，不进行需求分析直接编程，有可能导致程序使用的算法不合理，进而导致数据处理精度、运行时间等达不到要求，而导致软件开发完成后不符合用户的要求。

总之，需求分析是一个非常重要的环节，如果需求分析不完善，将会导致软件的设计开发进行很大的返工。即使是编写一个比较简单的小程序，也要分析一下这个程序应该完成的功能之后再进行下一步工作，当然，这样的需求分析不用专门撰写需求分析文档资料。

五、不必教条地使用软件工程方法

我们学习软件工程，应用工程化的思想设计开发软件，可以很好地提高软件的开发效率和质量等，但是在一些比较小的软件系统中，我们又说，不必教条地严格按照软件工程的过程，有些步骤可以省略简化，有些步骤可以综合到一起去做。例如，一个简单的小游戏程序，其概要设计和详细设计就可以合到一起去做，甚至最后的测试也可以综合到设计的最后部分。

如果对于所有的软件系统，我们都严格按照软件工程的方法实现，那么，在撰写一些不必要的文档、执行一些不必要的步骤上将花费很多时间和财力，导致整个软件项目开发周期加长，成本增加，这就得不偿失了。

六、认识项目管理过程中熟悉环境的重要性

软件项目在以软件工程化的方法开发过程中，项目管理非常重要。对于软件项目的管理，有很多方法可以借鉴。然而，教条化的借鉴，或参考别的项目管理方法，有时会出现致命性的问题。

项目管理过程中熟悉环境的重要性是说环境对项目成败也起着至关重要的作用，但这一点经常被忽视。这里所说的环境，是指项目在开发过程中所处的人文环境、政治环境、地理资源配置环境等各方面。

项目中人力资源是一个非常重要的资源，它不同于其他任何资源，是一个经常会发生变更、波动的资源。人的思想、工作态度等极易受到环境等外界因素的影响，比较难以管理。另外，由于国家政策规定等的更新变动，也会对软件项目的成败产生影响。

（一）人文环境

这里所说的人文环境，是指项目开发过程中所有参与人员所处的人文社会环境、思想认识、性格特点等，属于项目开发过程中人力资源管理方面的问题。不同性格、不同社会环境下，人的工作能力、工作态度有很大差别，照搬其他项目的人力资源管理方法，可能会出现问题。在一些发达国家，公司人力资源管理部门认为某个员工不适合做公司的工作，解雇该员工后，该员工和公司的关系一般还都是互不影响公司业务的关系，被解雇员工可能还和公司其他员工甚至老板仍然是朋友的关系。

然而，在某些国家，结果就有可能不同了。社会环境变了，同样做法的结果也变了。在某些国家，解雇一个员工后，很多情况下该员工和原公司的关系就不一定是朋友之间的友好关系了，而且有可能在他的言行中会有对公司不利的影响。也就是说，解雇一个员工，还应该分析这个被解雇员工的思想、背景等情况以及解雇该员工后可能带来的负面问题。总之，在软件项目实施过程管理中，必须重视人文环境等因素，以避免发生不必要的负面问题。

（二）政治环境

作为软件开发人员，经常认为是技术人员，而对国家的很多政策、规定都不了解，这也可能给软件项目埋下隐患。这一点也是很多项目管理人员容易忽视的问题。例如，在某业务信息化系统开发项目的进行期间，存在政策法规不确定的情况，但是甲方业务部门坚持按自己的理解与需要要求乙方开发系统。在进入项目的验收阶段，国家突然颁布法规变更，导致系统与政策法规不符合。此时，甲方业务人员随即停止验收，要求乙方按照新规则调整系统。根据评估，新的政策规则对系统影响很大，系统调整的投入也很大，但是甲方拒绝支付新的费用，导致乙方的项目管理工作变得烦琐。

作为技术人员必须随时熟悉掌握国家的相关政策、规定等，否则，若开发的软件项目与国家的相关要求不符，就是不合格产品。

（三）其他环境

这里所说的其他环境，主要包括项目实施过程中的治安环境、与其他相关组织的位置关系、资源配置等。治安环境对项目的完成起着一定的保障作用。如果员工经常担心上下班路途的安全，是一种什么心态，会不会导致员工辞职。还有，如果项目实施办公场所经常有小偷光顾，又会增加多少管理成本。遇到素质较差的人员，会不会影响项目进度等。例如，部分游客无视科研人员劝阻，为拍照肆意践踏试验用油菜，导致华中农业大学国家油菜工程技术研究中心的油菜产量试验被迫作废，损失不可估量。有关人士称，受损的油菜只能明年再种，而博士生重新做试验，就要延迟毕业了。这就是活生生的例子。

第二节　程序设计的经验与技巧

一、良好的编程风格

良好的编程风格是产生高质量程序的前提。良好的编程风格之一是标识符的命名约定。

有不少人编程时用拼音给标识符命名，则会让用此程序的人感到迷糊（很多南方人的拼音拼写不太准确），也许还会被英语好的人嘲笑。程序中的英文一般不会太复杂，用词要力求准确。

匈牙利命名法是微软公司倡导的，虽然很烦琐，但用习惯了也就成了自然。没有人强迫用户采用何种命名法，但有一点应该做到：自己的程序命名必须一致。

编程时标识符的命名应该采用标准的英文词语，多个单词之间可以加上下划线或者通过大小写区分，必要时还可加上适当的属性信息，如以下的命名约定：

①宏定义用大写字母表示，如 MAX_LENGTH。

②函数用大写字母开头的单词组合而成，如 SetName、GetName。

③指针变量加前缀 p，如 * pNode。

④ int 变量加前缀 i，如 iWidth。

⑤ float 变量加前缀 f，如 fWidth。

⑥ double 变量加前缀 d，如 dWidth。

对于 int、float、double 型的变量，如果变量名的含义十分明显，则不加前缀，避免烦琐。如用于循环的 int 型变量 i、j、k、float 型的三维坐标（x，y，z）等。

良好的编程风格之二是程序书写的格式。程序书写时每个人写的格式都有差异，这都是一些个人习惯，不能评价谁对谁错。但总的说来，程序书写采用以下风格比较好。

①不同层次语句缩进形成锯齿形。

②每行只写一个语句，不要多个语句书写在同一行。

③复合语句的开始结束标志单独占行。

二、注意继承的应用

继承是面向对象中的一个关键概念，在面向对象的设计中，通过继承可以高效地完成一些程序设计。在这里，我们所说的继承与面向对象中的继承相似但又不相同。这里所说的继承是指设计软件时充分利用前期设计开发的软件，在其中挖掘出对目前所开发软件有用的信息、代码以及文档资料等，以提高目前软件开发的效率。特别是在前期设计开发软件基础之上进行修改，可以高效地设计开发现有软件。

这就要求，我们在设计开发软件的过程中，应该主动考虑一个很多人都不注意的一个问题，就是设计开发现有软件系统的同时，多思考一下，该软件系统能为后续的软件系统提供什么帮助。设计开发该软件系统时就有意为后续软件的参考早做准备，如增加算法优缺点的注释说明，少用在该软件中没有问题但在其他软件中可能存在缺陷（问题）的算法等，因为应用这样的算法可能影响后续软件设计的参考。这样，软件设计开发人员在经过多个软件项目设计开发后，就能为后续软件项目提供很多参考信息。我们暂且将这种现在为将来考虑、现在利用过去的思想也称为继承，与面向对象设计中的继承含义不同。

三、注意程序的移植性

开发编写程序时，应用的软硬件平台一般不会经常变换，这就导致形成一种错误的定式：以后该软件程序永远都是在这样的环境下运行。殊不知，软件开发人员应用的开发平台经常和用户的应用平台有差异，或者说，用户的应用平台会由于升级等原因而改变。这时，若编写的软件程序不能适应运行环境平台的变化，将会导致所开发的软件要么不受用户欢迎而产生用户量减少，要么经常要给用户进行维护升级等增加软件维护费用，更有甚者会发生错误。这些都必然导致软件开发成本增加。

四、注意程序设计语言细节

每一种程序设计语言都有其细微之处，若不注意或者不清楚就会发生错误，特别是会发生一些隐含的错误。例如，在C语言中有关系运算“==”（等于），学习该运算时经常用整型数据举例说明，导致形成思维定式，在进行浮点数等于判断时也用了该等于运算符。我们知道，由于浮点数在计算机中存储存在误差，应用等于运算符直接判断两个浮点数的相等将得不到正确的结果。因而不能用关系运算符“==”直接判断浮点数的相等，需要通过两个数差的绝对值是否小于一个规定的数值来进行判断。其他的高级语言也类似。

五、注意程序的安装方便性

有些软件，应用起来很方便，功能也比较好，深受用户的欢迎，这一点软件开发人员都能注意到。但是，软件开发人员有时注意不到软件程序安装的方便性。这个因素经常也会影响软件的用户量。

若有些软件系统移交给用户时必须进行复杂的安装，则可以开发一个安装程序，简单运行安装程序就能自动执行复杂的安装过程，将是一个很好的方式。例如，早期Windows系统安装复杂，很多非专业人员不熟悉，但应用Chost安装后，简单多了，很多非专业人员也都可以安装Windows操作系统了。

六、注意程序语句的意义

程序中有些语句，从表面上看没有意义，但实际上这些语句不但有意义，而且非常关键。在开发卫星测控软件时，有这样的简单问题：雷达设备测量的数据中多普勒频率fd数据只占整型32位数据的低20位（二进制数据，其余 12 位为其他数据信息），要将其从 32 位整数中取出来。当时应用 C 语言编写程序如下。

```
……
fd = data;
fd = fd<<12;    // 左移 12 位
fd = fd>>12;    // 右移 12 位
```

其中，data 为接收雷达设备的 32 位整型数据，f_d 为整型数据。上方最后两条语句先使 f_d 中的数据左移 12 位，然后再右移 12 位，看似一左一右相互抵消没有意义，但实则意义非常大，这是从 32 位数据中取出来 20 位，同时进行符号扩展的最好方法。如果不这样做，通过下列语句：

```
fd = fd & 1048575;
```

完成，则只是将右边 20 位数据取出来了，但没有考虑 20 位数据的符号。从雷达接收的数据 data 中可知，第 20 位为多普勒频率（f_d）的符号位。当 f_d 为非负数时这样做正确，当 f_d 为负数时，将会出现错误，误将负数的补码当作正数处理，而且在大量的数据中不易发现（这个错误是当时数据处理分析工程师犯的错误）。此时若要进行符号的判断，不用上边的移位方式，则需要判断第 20 位是 1 还是 0，若是 1，表明 f_d 为负数，还要将 f_d 中高 12 位全部变为 1 进行符号扩展才可。要判断第 20 位的值，还要进行符号扩展，显然通过移位实现最好。

这个案例说明，一些看似无用的语句实际非常有用。当阅读别人书写的程序时尤其要注意这个问题，否则理解为没用的语句将导致程序出现隐含的错误。也就是说，必须对所应用的程序设计语言非常熟悉才能在设计开发程序过程中得心应手。

第三节　程序员必须注意的安全技巧

一、注意加密代码

在我们检查的安全代码中 30% 以上都存在安全漏洞。最常见的漏洞可能就是自己的加密代码，这些代码很可能不堪一击。永远不要创建自己的加密代码，那是徒劳的。不要认为因为有自己的加密算法，其他人就无法破解。因为攻击者能使用调试器，他们有时间也有知识来确认系统如何工作，通常在几小时内就会破解。

二、注意失败模式

我们需要更密切地关注代码中的失败模式。人们对这些代码的编写通常很少深入注意，并且常常没有经过完全测试。未经测试的代码常会导致安全漏洞。有三个方法可以帮助用户减轻这个问题。

第一，对那些很小的错误处理程序给予和正常代码同样的关注。考虑当错误处理代码执行时系统的状态。系统是否处于有效并且安全的状态。

第二，一旦编写了一个函数，要逐步将它彻底调试几遍，确保测试每一个错误处理程序。注意，即使使用这样的技术，也可能无法发现非常隐秘的计时错误。用户可能需要给函数传递错误参数，或者以某种方式调整系统的状态，以使错误处理程序得以执行。通过花时间单步调试代码，用户可以有足够的时间来查看代码以及系统运行时的状态。通过在调试器中仔细单步执行代码，我们在自己的编程逻辑中发现了许多缺陷，这是一个已得到证明的技术。

第三，确保测试组合能使函数进行失败测试。尽量使测试组合能够检验函数中的每一行代码。这能帮助用户发现规律，特别是当使测试自动化并在每次建立代码后运行测试时。

关于失败模式还有一个非常重要的问题，即当代码失败时要确保系统处于可能的最安全状态。

三、防止缓冲区溢出

当攻击者提供的数据长度大于应用程序的预期时，便会发生缓冲区溢出，此时数据会溢出到内部存储器空间。缓冲区溢出主要是一个 C/C++ 问题，是一种威胁，但通常很容易修补。开发人员没有预料到外部提供的数据会比内部缓冲区大。溢出导致了内存中其他数据结构的破坏，这种破坏通常会被攻击者利用，以运行恶意代码。数组索引错误也会造成缓冲区下溢和超限，但这种情况没那么普遍。

四、防止跨站点脚本

跨站点脚本攻击是 Web 特有的问题，它能通过单个 Web 页中的一点隐患危害客户端的数据。

五、不要信任用户输入

如果用户总是假设数据是有效的并且没有恶意，那么问题就来了。大多数安全薄弱环节都与攻击者向服务器提供恶意编写的数据有关。

信任输入的正确性可能会导致缓冲区溢出、跨站点脚本攻击、SQL 插入代码攻击等。

六、使用最小授权原则

出于若干原因，操作系统和公共语言运行时有一个安全策略。很多人以为，此安全策略存在的主要原因是防止用户有意破坏，如访问他们无权访问的文件、重新配置网络以达到他们的要求以及其他恶劣行为。的确，这种来自内部的攻击很普遍，也需要防范，但还有另一个原因需要严守这一安全策略，即在代码周围建立起防范壁垒以防止用户有意（正如经常发生的）或无意的操作对网络造成严重破坏。例如，通过电子邮件下载的附件在 Alice 的机器上执行时被限制为只能访问 Alice 可以访问的资源。如果附件中含有特洛伊木马，那么好的安全策略就是限制它所能产生的破坏。

当设计、建立并部署服务器应用程序时，不能假设所有请求都来自合法用户。如果有人发送一个恶意请求并使代码产生恶劣操作，用户会希望应用程序拥有所有可能的防护来限制损害。因此我们认为，实施安全策略不仅是因为不信任用户或用户的代码，同时也是为了保护不受外界有企图的代码的伤害。

最小授权原则认为，要在最少的时间内授予代码所需的最低权限。也就是说，任何时候都应在代码周围竖起尽可能多的防护墙。当发生某些不好的事情时，就像墨菲（Murphy）定律保证的那样，用户会很高兴这些防护墙都处在合适的位置上。

为服务器代码选择一个安全环境，仅允许其访问完成其工作所必需的资源。如果代码中的某些部分要求很高的权限，则需考虑将这部分代码分离出来并单独以较高的权限运行。为安全分离这一以不同的操作系统验证信息运行的代码，最好在一个单独的进程（运行在具有更高权限的安全环境中）中运行此代码。这意味着将需要进程间通信（如 COM 或 Microsoft NET 远程处理），并且需要设计该代码的接口以使往返行程最小。

如果在 NET Framework 环境中将代码分离成程序集，则需考虑每段代码所需的权限级别。我们会发现这是一个很容易的过程：把需要较高权限的代码分离到可赋予其更多权限的单独的程序集中，同时使其余大部分程序集以较低的权限运行，从而在代码周围添加更多的防护。在进行此操作时，由于代码访问安全（CAS）堆栈的作用，用户限制的不仅是自己程序集的权限，也包括用户调用的任何程序集的权限。

许多人建立了自己的应用程序，使得其产品在测试并提供给客户后可以插入新的组件。保护这种类型的应用程序非常困难，因为用户无法测试所有可能的代码路径来发现错误和安全漏洞。然而，如果应用程序是托管的，则公共语言运行库提供了一个极好的功能，可以使用它关闭这些可扩展点。通过声明一个权限对象或一个权限集，并调用 Permit Only 或 Deny，用户可以为自己的堆栈添加一个标记，它将阻塞授予用户调用的任何代码的权限。通过在调用某个插件之前进行此操作，就可以限制该插件所能执行的任务。例如，一个用于计算分期付款的插件不需要任何访问文件系统的权限。这只是最小权限的另一个例子，确保记录下这些限制，并注意具有较高权限的插件能够使用 Assert 语句逃避这些限制。

七、注意模拟方式易受到攻击

编写服务器应用程序时，用户常常会发现自己直接或间接使用了 Windows 的一个称为模拟得很方便的功能。模拟允许进程中的每个线程运行在不同的安全环境中，通常是客户端的安全环境。例如，当文件系统重定向器通过网络收到一个文件请求时，首先对远程客户端进行身份验证，检查以确认客户端的请求没有违反共享上的自由访问控制列表，其次把客户端的标记附加到处理请求的线程上，从而模拟客户端。然后此线程便可以使用客户端的安全环境访问服务器上的本地文件系统。由于本地文件系统已经是安全的，它会考虑所请求的访问类型、文件上的自由访问控制列表和线程上的模拟标记来进行一个访问检查。如果访问检查失败，本地文件系统会将其报告给文件系统重定向器，然后重定向器向远程客户端发送一个错误。毫无疑问，对文件系统重定向器来说这很方便，因为它只是简单地把请求传给本地文件系统，让其去做自己的访问检查，就好像客户端在本地一样。

这对于文件重定向器这样简单的网关而言，一切良好。但模拟常常用在其他更复杂的应用程序中。以一个 Web 应用程序为例：如果用户编写一个经典的非托管 ASP 程序、ISAPI 扩展或 ASP.NET 应用程序，在 Web.config 文件中有如下指定：

```
<identity impersonate='true'>
```

那么运行环境将有两种不同的安全环境：具有一个进程标记和一个线程标记，一般来说，线程标记会被用来做访问检查。假设正在编写一个在 Web 服务器进程中运行的 ISAPI 应用程序，并假定大多数请求未经身份验证，则线程标记可能是 IUSR_MACHINE，而进程标记却是 SYSTEM。假设代码能被一个程序通过缓冲区溢出利用。那么该代码不会只满足作为 IUSR_MACHINE 运行，它的攻击代码很可能会调用 Revert To Self 以删除模拟标记，从而希望提高权限级别。在这种情况下，会很容易获得成功，还可以调用 CreateProcess。它不会从模拟标记复制新进程的标记，而是从进程标记复制，这样新进程便可以作为 SYSTEM 运行。

那么怎样解决这个小问题呢？除了首先确保不出现任何缓冲区溢出外，还要记住最小授权原则。如果代码不需要具有 SYSTEM 这样大的权限，就不要将 Web 应用程序配置为在 Web 服务器进程中运行。如果只是将 Web 应用程序配置为在中等或较高的隔离环境中运行，进程标记将会是 IWAM_MACHINE。用户实际上没有任何权限，因而这种攻击几乎不会生效。

八、编写可以实际使用的应用程序

这确实是最小授权原则的必然结果。如果程序员继续开发这样的代码，使得必须是管理员身份的用户才能在 Windows 上正常运行，我们就不能期望提高系统的安全性。Windows 有一套非常稳定的安全功能，但是如果用户必须具有管理员身份才能进行操作，那么就不能很好地利用这些功能。

第八章　计算机软件开发设计的策略探讨

现今社会，计算机的应用遍及社会各个角落，计算机已经成为经济发展、民生保障、军事国防等领域中不可或缺的重要设备之一。计算机丰富功能的实现，依赖于安装在计算机上的各类软件。做好计算机软件开发设计工作，是提高计算机应用水平的重要举措。在软件设计过程中，不管是否严格应用了软件工程的方法，其设计过程中必须注意一些策略性的问题。本章主要探讨软件架构概述、软件架构设计概述、软件项目计划与管理、软件项目管理的流程设计。

第一节　软件架构概述

一、软件架构的定义

软件架构是由结构和功能各异、相互作用的构件集合，按照一定的结构方式构成的系统。它包含系统的基础构成单元，基础构成单元之间的作用关系，在构成系统时基础构成单元的集成方法以及对集成约束的描述等。

从软件系统的角度理解架构定义，软件的架构是关于软件系统如何被组织起来的定义，即软件架构是由以下三个要素构成的。

第一，组成系统的结构元素或统称为组成系统的构件。软件架构定义了组成系统（局部或总体）的构成要素。常见的局部或总体的构件可以是：客户、服务器、数据库、中间件、程序包、过程、子程序、进程等。至于什么是局部，什么是总体，其具体的构成要素是什么，关键看站在系统的什么位置看系统（分解的颗粒度）。

第二，构件与构件之间的连接以及特定的连接关系。软件架构定义了这些构件之间的相互作用关系，更明确地说，是构件之间的连接（也有定义称为连接件）和连接关系。常有的这些连接与连接关系有过程调用、共享变量访问、信号灯、进程通信、消息传递、网络协议等。例如，两个进程（构件）

之间，通过进程调用实现进程间的连接和协同，进程通信（IPC）是连接件，对进程通信内容的理解和约定是连接关系（约束）。

第三，系统集成的方法和约束。该要素反映了架构研究和设计实现的本质，除了要满足应用系统的各种功能需求外，还需要保证系统的设计质量要求，所以，架构比需求更进一步地面向或满足系统非功能性的内容，如容量、数据吞吐量、一致性、兼容性、安全性、可靠性等。

第三点反映的是架构必须能满足特定关键需求，是架构最主要的功能之一。为了便于理解架构，不妨将软件架构的定义浓缩为以下三个要素。

①组成架构的元素：构件。

②构件的相互联系：连接。

③构件之间的相互关系：连接关系。

而所有这一切，都是为了一个目标——满足关键需求。

进一步地理解软件架构定义，可以知道：架构是一个或多个结构（子架构、可不断细分）的抽象，是由抽象的构件来表示的，构件之间相互具有联系，相互之间的联系具有某些行为特征（连接关系）。系统的这种抽象表示方式，屏蔽了构件内部特有的细节，使得在讨论系统构成的时候，只需关注与系统构成有关的上述三个要素的信息，而不必细看构成元素内部的内容。

二、软件架构的质量要求

一个架构可以确定提供给用户的功能。另外，架构必须满足对质量的具体要求。非功能性的质量要求如下。

可管理性：分布式系统的管理员应该拥有单一系统视图。这意味着系统管理员可以从他的计算机上观察整个系统，就像是整个系统都存在于一台计算机上。另外，系统管理员必须可以在自己的工作位置上管理整个系统。

可扩展性：根据系统的架构可以评价一个系统的可扩展性。

灵活性：系统的灵活性可以通过植入相应的模式实现。性能和灵活性具有原则上不同的目标方向，灵活性可以通过增加中间层提高，但是提高计算量就会使性能下降。

可操纵性：经过训练和没有经过训练的使用者都应该可以同样地使用系统。

简易性：原始的系统必须简单。在扩展时，系统的架构可以复杂化。

移植性：软件可以移植到不同性质的计算机上。

规模的可伸缩性：系统的用户如果急剧增加，系统的响应时间必须经得住考验。它必须是可伸缩的，即允许用户增加，但是性能不能有本质的恶化。

可测试性：一个架构如果很难进行测试，就应该放弃使用它（设计测试）。

组件的独立性：组件间尽可能相互独立，这样可以使系统易于修改。

可用性：可用性高的系统需要植入容错程序。

可理解性：开发团队必须能够快速掌握架构的特点。

可维护性：维护要求掌握架构的可理解性、简易性、正确性和可扩展性。

复用性：复用性和架构的灵活性、可修改性有着密切的联系。为达到可复用性，架构应包含具有扩展能力的模式。

这里所说的架构的非功能性的质量要求是不能通过系统功能中的单项功能体现出的，而且它们也不是相互独立的。同时还有一些质量指标是和一些指定的功能相关联的。它们是保障性、安全性、并行性或者并发性。

三、软件架构发挥的作用

架构描述在不同阶段，依据层次和细节的不同，视角也不同，一般可分为概略型、需求型和设计型。

概略型是上层宏观的描述，反映系统最上层的构件和连接关系，如通常所说的 C/S、B/S 架构等。

需求型是对概略结构的深入表达，以满足用户功能和非功能需求的表达为主，如可支持不同业务需求的框架结构等。Struts 架构就是典型的针对基于 Web 应用的架构。

设计型从设计实现的角度，对需求型进行更深入的描述表达，需要从不同的侧面 / 视图，设计系统的各个层面，对各个构件和连接结构进行描述。在这个层面上的描述，将直接为系统实现和性能分析服务。微软基础类库（MFC）就是典型的面向设计和实现的架构。

在不同阶段，架构发挥着不同的作用。

①在项目规划阶段：架构是项目可行性、工程复杂度、计划进度、投资规模和风险预测的依据。

②在需求分析阶段：架构是开发团队与用户进行需求交互沟通的表达形式和结果。

③在系统设计阶段：架构是系统设计分解和实现、验证的基础。

④在项目实施阶段：架构是进行工作分工、人员安排、组织协调、绩效管理的依据。

⑤在项目测试阶段：架构是性能测试和评审的依据。

⑥在维护升级阶段：架构是在保证系统整体合理性、正确性、性能和可

控的维护成本的前提下，软件系统修改、扩充、升级的基础模型。

在现代软件工程的观点下，架构不但决定了系统的物理构成，也支配了开发的生产过程和组织行为，包括需求分配、范围和任务定义、进度计划、测试方案集成方法、配置项与基线管理等，这正是现代软件工程更注重的地方。所以，架构已经不单纯是技术问题，也是工程问题、管理问题。因此，在不同阶段、不同的人，对架构有不同的理解和不同的应用，这些人包括最终用户、客户、项目经理、系统分析师、编码工程师、架构工程师、维护人员、质量管理人员、计划管理人员等。

架构的主要作用，可归纳为功能需求实现、关键需求设计、迭代和过程控制四个作用。

四、软件架构的关键因素

（一）属性

在软件架构中的SA构建过程中，需要重视质量属性、功能属性、组织属性、商业属性、环境属性等多方面影响因素，才能设计出全面的软件架构，只有通过分析关键因素，才能平衡综合软件架构中的各方面影响因素，提取其中的关键属性，为软件架构中的决策制定提供有利条件。

功能属性对质量属性具有一定的影响，如部分网络功能的添加可导致软件出现安全漏洞，对软件的可伸缩性起到了一定的影响。软件架构中的部分功能改变可导致部分质量属性无法处于某一特定级别，这正是由于功能属性与质量属性之间具有相互影响的关系，两者并非正交关系。

美国电气和电子工程师协会（IEEE）对归结于软件架构中的质量属性的部分功能进行分类，从侧面反映了部分质量属性对软件架构的功能属性具有一定的影响，如有效性、准确性、可操作性及安全保密性等属性。在实践活动中最为合适的方法为：对重要属性需要结合关联属性进行分析，虽然部分数学分析在功能方面与质量属性之间无相关性，但是架构师必须要回溯功能需求将组织之间的影响因素揭露出来，这主要是由于几乎所有的质量属性要求均无任何重要功能。这也是架构师在软件架构设计中的重要内容之一，架构师需要对质量属性中的部分属性进行全面分析。

在软件架构的影响因素中，属性的捕获及涉及的需求分析与架构师的工作有密切的关系。在软件架构前的准备工作中，需要对问题领域进行内部及外部功能需求分析。目前工程领域对组织属性、商业属性、环境属性的看法各有不同，大多数架构师常没有重视到上述属性对软件架构的影响，这些属性可能对架构的稳定性具有重要影响，是软件架构的关键因素，可以将组织属性、商业属性、环境属性进行需求分析，将其转化为功能属性或质量属性进行思考。

（二）决策

决策是指对软件架构设计过程进行总结并提出最终结果，该结果是软件架构归档的重要部分，软件架构的决策能够在SA外部视图中表现出来，或通过文档的形式进行表述。好的决策对软件架构中的许多环节具有重要作用，如软件架构的评价、架构的更新和回溯等方面。

影响因素的平衡对软件架构的稳定性具有重要影响，这主要是由于架构对影响因素的依赖性，影响因素的分析若存在不全面的地方可能对SA内部空间及期间关系的决策产生影响，导致功能属性以及质量属性的提取以及控制失控。

第二节　软件架构设计概述

一、软件架构设计内容

软件系统的架构设计与一般的设计没有什么不同，它涉及做出决策，使用可用的技能和材料以满足需求、约束。在软件架构设计中，我们做出决策来把设计的目的、需求、约束和架构方面关心的问题（称之为架构驱动因子）转化为结构。然后用这些结构来指导项目。它们指导分析和构建，并为培训一个新的项目成员打好基础，还指导成本和进度的评估、团队的形成，分析和降低风险，当然，还有实现。

因此，软件架构设计是一个实现产品和项目目标的关键步骤。有些目标是技术性的，如视频游戏或一个电子商务网站实现较低并且可预见的延迟，有些目标是非技术性的，如保持雇佣劳动力，进入一个新的市场，在最终期限前完成。作为一个软件架构师，他的决定将影响这些目标的实现，并且在某些情况下可能造成矛盾。一个特定的参考架构的选择可能会为实现延迟目标以及为留住员工提供一个良好的基础，因为他们已经熟悉了这个参考架构及其配套的技术堆栈。但这种选择可能不会帮助架构师进入一个新的市场，如手机游戏市场。

在做设计时，一般情况下为了实现一个质量属性而在某些结构上所做的变化将对其他的质量属性产生负面影响。这些取舍是每一个领域里每一个执业架构师无法改变的事实。因此，软件架构师的工作不是找到一个最佳的解决方案，而是找到一个令人满意的方案——通过搜索一个也许很大的设计方案和决策的空间来找到一个可以接受的解决方案。

（一）架构设计

格雷迪•布奇（Grady Booch）曾经说过“所有架构都是设计，但并非所有设计都是架构”。那么是什么让一个决策成为架构的呢？如果一个决策有非局部的影响并且会影响架构驱动因子的达成，我们就说它是架构的。因此，没有一个决策本质上就是架构的或者非架构的。单个要素的缓冲策略的选择可能对系统的其他部分没有什么影响，在这种情况下它是一个实现细节，除了该元素的实现者和维护者外没有人会关注它。另外，缓冲策略可能对性能（如果缓冲影响延迟或吞吐量或抖动的目标的实现）、可用性（缓冲区可能不够导致信息丢失）或可修改性（如果想在不同的部署或环境中灵活地改变缓冲策略）产生巨大的影响。缓冲策略的选择，与许多设计的选择一样，既不是天生就是架构的也不是非架构的。这个差别完全依赖于当前和预期的架构驱动因子。

（二）元素交互设计

软件架构设计通常只识别一个元素的子集，该子集是系统结构的一部分。这是可以预料的，因为在最初的架构设计中架构师将专注于系统的主要功能。一个用例如何成为主要的用例？业务的重要性、风险和复杂性的考虑组合被加入这个设计中。当然，对用户来说，一切都是当务之急和重中之重。更现实地说，少量的用例提供了最基本的业务价值或体现了最大的风险（如果它们被错误使用），所以这些都被认为是主要的用例。

除了主要的用例以外，每一个系统都有更多需要得到满足的用例。那些支持这些非主要用例的元素和它们的接口被定义为我们所描述的元素交互设计的一部分。这个层次的设计通常在架构设计之后。但是这些元素的位置和关系被我们在软件架构设计过程中做出的决定限制。这些元素可以是分配给一个人或一个团队的工作单元（也就是模块），所以这个层次的设计不仅对于如何分配非主要的功能很重要，而且对于计划目标（团队的形成与沟通、预算、外包、发布计划、单元和集成测试计划）而言也很重要。

根据系统的规模和复杂性，软件架构师应当参与元素的交互设计，无论是直接参与还是作为审计的角色参与，都确保了系统的重要质量属性没有妥协。这也将有助于软件架构师发现泛化的机会。

（三）元素内部设计

元素交互设计之后的第三层设计，我们称之为元素内部设计。这个层次的设计通常是作为元素开发活动的一部分，在之前设计层次中发现的元素内部结构就在这个层次创建，以满足元素的接口。

在这三个设计层次中，软件架构的决策可以并且一定会发生。此外，在软件架构设计中软件架构师需要像元素内部设计一样尽可能深地挖掘来完成一个特定的软件架构驱动因子。

软件架构设计先于元素交互设计，元素交互设计先于元素内部设计。这在逻辑上是必要的，在元素本身被定义之前我们不能设计元素的内部结构，在一些元素和它们之间的互动模式被定义之前，我们不能推理它们之间的交互。但随着项目的增长和发展，这些活动之间也出现了大量的迭代。

二、软件架构设计过程

在一个以软件架构为中心的软件项目开发过程中，最常见的开发过程大致分五到六个阶段：概念化阶段、分析阶段、架构设计阶段、详细设计阶段（一般情况下特别是结合敏捷模式时都会被裁剪掉）、开发与测试阶段、验收与交付阶段。软件项目开发过程如图 8-1 所示。

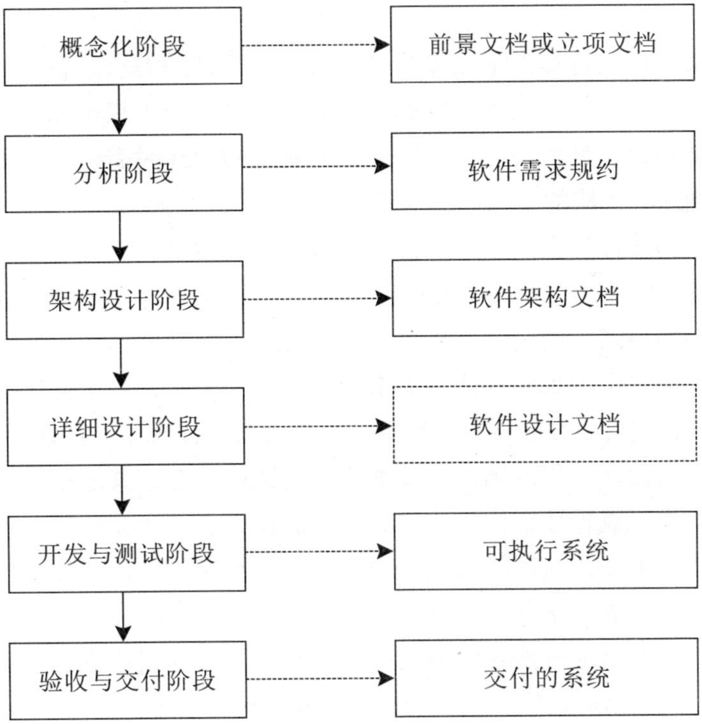

图 8–1　软件项目开发过程

软件架构设计阶段依赖于分析阶段并以软件需求规约为主要输入。软件架构工程师必然有一个对软件需求进行认识、分析的过程，如果软件架构工程师等到软件需求规约评审通过后才开始工作，必然会延长软件项目的工期。好的项目管理者与优秀的软件架构工程师一定会让这段时间与软件需求人员进行需求分析的阶段重叠，缩短软件项目工期。一个合作良好的软件项目团队，在进行需求分析过程中必然会邀请软件架构工程师对一些需求问题进行分析验证，对软件需求规约进行评审。因此，软件架构工程师必须在软件需求分析阶段适当地尽早介入，甚至在一些软件过程能力成熟度较低而软件项目重要性较高的软件项目团队，软件架构工程师可以提前到概念化阶段就介入。

软件架构设计过程的第一步是全面认识需求。在需求分析与领域建模，即分析阶段，软件架构工程师与软件需求人员一起将所有需求从不同的级别（组织级、用户级、开发级）分层梳理，列表归纳，建立跟踪矩阵，并划分为不同的类型（功能需求或用例、质量属性、约束与限制）进行梳理，列表归纳，建立影响分析表，找出不同需求类型之间相互支持、相互制约关系的影响。

软件架构设计过程的第二步是确定对架构关键的需求。软件架构工程师将所有需求进行筛选，在深思熟虑之后做出合适的需求权衡和取舍，最终确定对软件架构起关键作用的需求子集，控制架构设计时需要详细分析的用例个数，找到影响架构的重点非功能性需求。

软件架构设计过程的第三步是进行概念性架构设计。概念性架构设计首先分析关键用例的用例规约，运用鲁棒图等方法构造系统理想化的职责模型。其次明确架构模式，确定交互机制，形成初步的概念性架构。最后通过质量属性分析，制定出满足非功能性需求的高层设计决策，并根据这些决策对之前的工作成果进行增强、调整，以保证概念性架构体现出这些设计决策。

软件架构设计过程的第四步是细化软件架构，考虑具体技术的运用，设计出实际架构。概念性架构所关注的关键设计要素、交互机制、高层设计决策与具体技术无关，而最终的软件架构设计方案必须和具体技术相结合，为开发人员提供足够的指导和限制。为此，必须从系统如何规划、如何开发、如何运行等角度揭示软件系统的结构和机制。一般分别从逻辑架构、开发架构、运行架构、物理架构、数据架构等不同架构视图进行设计。

软件架构设计过程的第五步是验证软件架构。

软件架构设计过程如图 8-2 所示。

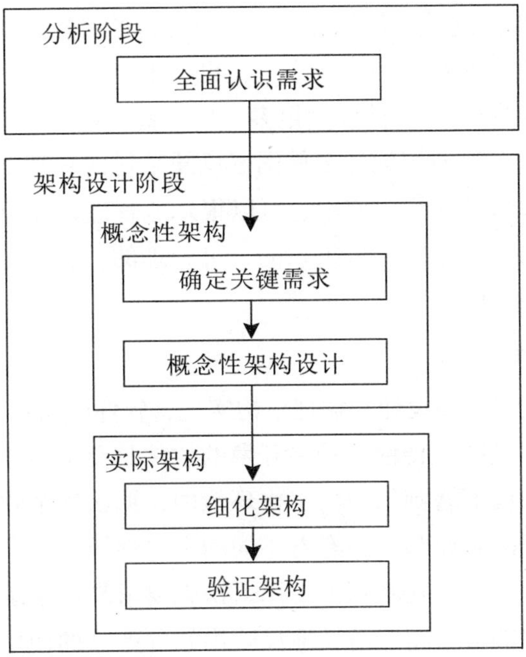

图 8–2　软件架构设计过程

三、软件架构设计的特性

（一）逻辑性

任何软件系统的开发，都从系统的逻辑分析开始，确定系统的各个组成部分。在面向对象的软件设计过程中，描述软件系统架构的逻辑特性，即描述软件系统中出现的各个对象实体以及它们之间的相互关系。能够反映这一特性的模型可以采用实体关系图或类图。这两种模型都能体现组成系统的对象特征和关系架构。

由于面向对象的软件设计具有模块化程序设计的优点，软件产品可以分成不同的模块。这些模块之间如何进行通信和数据交换，其实质仍然是软件系统中对象之间的通信和数据交换，通过对系统中的数据流进行分析，设计出系统的软件结构图，以便从较高层次反映系统的模块架构之间的关系。

（二）物理性

在完成了软件系统的逻辑架构设计之后，开发人员便要着手实现这些逻辑对象及它们之间的关系。如何实现这些对象和它们之间的关系，要看采用哪种实现机制。如果使用 Java 程序设计语言，则根据系统的逻辑对象，可以

生成多个 .java 文件。这些文件都是系统可以运行的可执行文件，它们都是和逻辑架构设计中出现的对象一一对应的，再也不是抽象的，而是具体的、物理存在的。如果这些 .java 文件数量很多，那么就很难直观地看出它们之间的物理联系，这时就可以使用软件组件图来反映系统的物理架构特性。组件图是用来反映代码的物理结构，使用它可以很好地管理开发中产生的大量 .java 文件，这些文件将是有序的、可组织的、可管理的，软件的物理架构也就非常清晰直观了。

（三）实现性

经过系统的逻辑架构设计和物理架构实现，软件产品已经基本开发完毕。软件产品更强调的是产品特性，最终开发的软件是要交给用户使用的。如果开发人员不知道如何部署到用户的工作环境中，那么这个软件产品就没有任何使用价值。不同的企业和用户有着不同的工作性质及要求，有些只在企业内部使用，而有些需要在互联网上使用，这就要求软件系统要部署在不同的工作环境中。软件的部署图能清晰地反映出软件产品的使用情况，真正意义上揭示了软件产品的使用价值。根据部署图，开发人员可以把在软件的物理架构设计中产生的可执行文件部署在不同的物理节点上，如部署在客户机、服务器或其他硬件设备上。

四、软件架构设计的策略

（一）关键需求决定架构

面对有一定难度或有竞争性目标的庞大需求的软件系统，没有一个好的设计策略，完全依靠设计师的经验与能力，往往会让设计师顾此失彼，无法保证软件系统的成功。软件架构工程师没有时间，也没有必要对所有需求进行深入分析，而功能或用例确定了软件架构大的方向，几个关键的非功能需求与约束决定了软件架构的风格。因此软件架构设计的第一条策略是让关键需求决定架构。关键需求决定架构有两个方面的含义：一是功能需求与非功能需求数量众多，应该控制架构设计时需要详细分析的用例个数；二是不同非功能需求之间往往具有相互制约性，应该权衡非功能需求之间的关系，找到影响架构的重点非功能需求。关键需求决定架构的策略有利于集中精力深入分析最为重要需求。当架构工程师把全部精力扑在相对较少的关键需求上时，可以更为深入地分析这些需求，有利于得到透彻的认识，从而设计出合理的架构。

（二）全面认识需求

如何从众多的软件需求中准确找到关键需求呢？这就需要使用思维的发散与收敛原则，全面认识需求，分析所有需求之间的因果关系，特别是与软件系统的目标与核心业务间的因果关系。而且，软件架构强调的是整体，而整体性的设计决策必须基于对需求的全面认识；软件架构应该是稳定的，而遗漏了重要需求的架构设计最终会面临返工的结局。因此软件架构设计的第二条策略是全面认识需求。但全面认识需求并不是全面分析需求。

全面认识需求要求。①将所有需求从不同的级别（组织级、用户级、开发级）分层梳理列表，归纳总结，建立跟踪矩阵，既避免因遗漏需求而造成软件系统达不到要求，也避免开发人员一厢情愿，为用户制造没有实际意义的无用功能。同时，有助于软件架构设计人员对软件系统要求有全面的认识，清晰理清需求之间、需求与软件系统目的目标、核心业务、商业理由之间的因果关系。②将所有需求划分为不同的类型（功能需求或用例、质量属性、约束与限制）进行梳理列表归纳总结，建立影响分析表，找出不同需求类型之间的相互支持、相互制约关系的影响，并在深思熟虑之后做出合适的需求权衡和取舍。

（三）多立场、多视角探寻架构

软件架构的目的是沟通，但沟通的对象不同，对软件系统的关注点也就不同；同时人类研究事物也是从不同的角度立场观察、了解、认知的。因此软件架构设计的第三条策略是多立场、多视角探寻架构。一次只从某一立场、某一视角出发围绕少数概念和技术展开，并分析对其他部分、其他立场视角分析结果的影响。

（四）尽早验证架构

软件架构设计的第四条策略是尽早验证架构。架构设计是现代软件开发中最为关键的一环，架构设计是否合理将直接影响软件系统最终是否成功。毕竟软件架构中包含了关于如何构建软件系统的一些最重要的设计决策，而这些决策能否使最终开发出来的软件系统满足预期要求，都是悬而未决的，因此必须尽早验证架构。架构验证不可能全盘进行，必须精挑细选能够触发主要设计决策参与执行的或有较高技术风险的或最影响用户满意度的一些功能。软件架构设计策略具体如表 8-1 所示。

表 8–1　软件架构设计策略

策略	关键需求决定架构	全面认识需求	多立场、多视角探寻架构	尽早验证架构
关键	能否驯服数量巨大且频繁变化的需求	是否遗漏至关重要的非功能需求	能否从容设计软件架构不同方面	是否及早验证架构并做出调整
问题	对于时间和质量的矛盾，办法不足，处理草率	对需求的理解不系统、不全面，对非功能需求不够重视	架构设计方案覆盖范围严重不足，许多关键决定被延迟，由实现人员仓促决定	假设架构方案是不可行的，直到后期才发现问题，造成大规模返工
危害	耗时不少，质量不高	造成返工，项目失败	开发混乱，质量不高	造成返工，项目失败
要点	控制架构设计时需要详细分析用例个数，权衡非功能需求之间的关系，找到影响架构的重点非功能需求	从不同级别、不同类别梳理列表归纳总结，建立跟踪矩阵与影响分析表	一次只从某一立场、某一视角出发围绕少数概念和技术展开，并分析对其他部分、其他立场视角分析结果的关系与影响	必须精挑细选能够触发主要设计决策参与执行的或有较高技术风险的或最影响用户满意度的一些功能进行验证

五、软件架构设计的作用

（一）解决系统质量问题

系统的功能性是通过组成架构的各种元素之间发生的交互来支持的。不管怎样，架构设计关键特征之一是系统质量是通过架构这个工具达到的。在缺少统一的架构设想的情况下，如性能、安全及可维护性这样的质量是不可能保证的，这些质量不只限于单个架构元素，而是遍布于整个架构。架构设计的一个相关优点是使得在项目生命周期的早期评估这类质量成为可能。通常特意创建架构的概念模型以确保处理这类质量。通过一个真实的实现（在这种情况下采用架构概念模型）来证明达到这类质量要求，这很重要，因为一个架构无论在纸上看起来多么优秀，都需要通过可执行软件来证明。

（二）促进达成共识

架构设计流程促进不同的利益相关者达成共识，因为它提供了一个工具使大家能够对系统解决方案进行辩论。为了支持这样的辩论，架构设计流程必须确保架构被清楚地交流和证实。一个可以被有效交流的架构使得大家对决策和折中进行辩论，使检查变得容易，还使得大家达成一致。相反，一个缺乏交流的架构不会使这样的辩论发生。没有这样的输入，最终的架构可能是低质量的。通过验证架构是否符合规定的需求也可以促进达成共识。

（三）支持计划编制流程

架构设计流程支持很多方面。很明显，它支持详细设计和实现的活动，因为架构直接就是这些活动的输入。然而，在架构设计流程带来的好处方面，主要的好处是为项目计划编制和项目管理活动（一般指时间安排、工作分配、成本分析、风险管理及技能发展）提供了相关支持。架构设计流程可以支持这些方面，是架构师和项目经理应该保持紧密关系的主要理由之一。

（四）促进架构的完整性

架构设计流程的主要目标之一是确保这种架构为设计人员和实现人员所做的工作提供一个稳固的框架。很明显，这个目标并不是简单地传播一个架构设想。为了确保最终架构的完整性，架构师必须清楚地定义架构本身，确定架构上重要的元素，如系统的组件、组件的接口和相互之间的交互。架构师还必须为设计人员和实现人员定义在工作中指导他们的适当的方法、标准和指南。架构设计的另一个目标是消除设计人员及实现人员不必要的创造力，通过对设计人员和实现人员能做的工作进行约束来实现这个目标，因为违反这些约束会导致架构损坏。

（五）有助于管理复杂性

当今的系统比以往的更加复杂，而这个复杂性必须进行管理。一个架构只关注重要的元素，提供了一个系统的抽象概念，从而为管理复杂性提供了一个方法。此外，架构设计流程还考虑组件的递归分解，这明显是碰到一个大问题后把它分解成系列较小问题的好办法。管理复杂性的另一方面是使用允许架构的抽象概念进行交流的技术。例如，可能会选择把组件分组成子系统或把实现与接口相互分离。如今，为了编写软件密集型系统的架构文档，采用表达抽象概念的行业标准（如 UML）非常常见。

（六）为重用提供基础

架构设计流程既可以支持生产也可以支持可重用资源的消费。可重用资源对组织有益，因为这样可以降低一个系统的总成本，也可以提高系统的质量，假定可重用资源是已经被证实的（因为已经被用过了）。

在资源消费方面，架构的创造支持了可能的可重用机会的识别。架构上的重要组件、相关的接口及质量的识别支持了非定制组件、现有系统、预装应用程序等可以用于实现这些组件的选择。

在资源生产方面，架构可能包含一些在当前系统之外也可以（自然）使用的元素。一个架构可能包含一个可以在其他背景中也能使用的错误日志机制。这样的重用通常是碰运气的，然而，一个战略性的重用会预先主动地考虑可用的资源。

（七）降低维护成本

架构设计流程在多个方面能够帮助降低维护成本。架构设计流程应该始终确保系统维护人员是一个关键利益相关者，维护人员的需求会作为主要关注点进行处理，而不是事后考虑。结果应该是形成一个适当编写了文档从而使系统的维护变得很容易的架构；架构师也确保系统维护机制的一致性并在创建架构时考虑系统的适应性及可扩展性。另外，架构师还会考虑维护系统所需要的技能，这些技能可能会与创建这个系统的团队成员的技能不同。

（八）支持影响分析

架构设计的一个重要优点是使架构师能够在进行调整之前推出该调整的影响。一个架构确认出主要的组件、组件的交互、组件之间的依赖及组件到它们实现的需求之间的可追溯性，根据这些信息，一个需求的改变对协作实现这个需求的组件的影响都可以分析出来。同样地，改变一个组件对于依赖它的其他组件所造成的影响也可以分析出来。这样的分析非常有助于确定一个改变的成本、改变对系统的影响及其带来的风险。

六、软件架构设计理解

（一）软件中唯一不变的就是变化

在软件开发过程中需求是不停地变化，随着客户对系统的认识，以及对现有开发功能和软件的认识，也许一开始他提出的需求就是背离的。在设计和架构中，凡事无绝对，作为架构师或者项目负责人，必须永远清晰地认识到，没有完美的架构和设计，没有万能的软件，只存在当前环境、需求方案、团队人员素质、物理环境、安全等综合因素下的合适方案。由于种种原因，架构师的解决方案可能不是某个单一因素下的最优解。站在这个位置架构师需要做的是做出权衡，找到这个综合因素下的最优解。不要只从表面说某个人、某个团队的解决方案怎么不好，或者说这就是当时综合因素的最优解，因为处在同样的位置或环境下不一定做得更好。软件架构设计总是有很多选择，每一次的选择都会带来得和失，我们要做的就是权衡得失取舍。

（二）保持设计简单

保持简单，但不过于简单（Keep It Simple and Stupid）。在 UNIX 下的编程哲学中提到很多次保持设计简单，我们能清晰地看到这条原则。现在的视觉设计都崇尚简约设计，简单而不庸俗，而不是由一大堆的豪华奢侈打造。VB 程序设计语言开始的可视化设计，可见即可得。谷歌的首页，商业风格，都非常简洁。在我们的软件设计中也需要简洁的设计，用户需要的是可见可量化的功能的正确性，而不是运用了多新奇的技术模式，但也绝不是一味地追求过于简单。把一件简单的事情复杂化是很容易的事情，但是把一件复杂的事情简单化却不那么容易。这里需要说明的是，简单是优秀的但简单是有底线、有边界的，超过底线的简单也就变得幼稚。例如，事务性脚本模式比其他常见模式都简单，但其往往不是复杂需求的最优解，因为它过于简单了。

（三）面向对象编程

在设计模式、架构模式中，面向对象都是一条完全的主线，作为面向对象设计的第一原则而存在。有人曾说过：没有接口就不要开始实现。这句话也许过于偏激，但是如果把接口理解为不变或者不易变的话，也许会同意这句话。对于目前的需求肯定能够在没有抽象、没有完全接口的情况下写出完美的代码，但是前文我们说明了软件中唯一不变的就是变化，在未来的需求中能够一样优秀吗？如果不能，那么面对当前需求就该为以后提供扩展延伸。

设计模式中大多数都是围绕“依赖接口而不是实现”这个第一原则的。当然，还有第二个原则：组合优先于继承。以后的依赖倒置（DP，IOC 的原则）、里氏替换（LSP）、开闭原则（OCP）等都是它们的延伸和扩展。这一系列都是为了软件系统的“高内聚，低耦合”，可以简叙述为功能完备（高内聚）的对象之间是依靠接口（低耦合）通信交互的，内聚是描述功能性的完备程度，耦合是表述模块间的依赖程度。

第三节 软件项目计划与管理

一、软件项目计划

（一）软件项目计划内容

对软件项目的有效管理取决于项目的全面计划。根据美国联邦政府的调查统计，因软件计划不当而造成的项目失败数占失败总数的一半以上。制订计划时应该预见到可能发生的问题，并且预先准备好试探性的解决办法。下面讨论的计划适用于大型软件系统，这样的系统需要多个小组同时参加工作，才能在给定时间内完成项目开发任务。为大型软件开发项目所制订的计划通常包括下列基本内容。

1. 概述

一般性地叙述开发项目，描述计划组织，并且概述这个文档其余部分的内容。

2. 阶段计划

讨论项目开发周期——需求分析阶段、总体设计阶段、详细设计阶段等。详细说明每个阶段应该完成的日期，并且指出不同阶段可以互相重叠的时间等。

3. 组织计划

规定从事这个开发项目的每个小组的具体责任。

4. 测试计划

概述应进行的测试和需要的工具，以及完成系统测试的过程和分工。在这部分中并不包括具体的测试方案。

5. 变动控制计划

确定在系统开发过程中需求变动时的管理控制机制。

6. 文档计划

这部分的目的是定义和管理与项目有关的文档。

7. 培训计划

培训从事开发工作的程序员和使用系统的用户的计划。

8. 复审和报告计划

讨论如何报告项目的状况，并且确定对项目进展情况进行正式复审的计划。

9. 安装和运行计划

描述在用户现场安装该系统的过程。

10. 资源和配置计划

概述关键的细节计划——进度、里程碑和按合同规定应该交付的系统配置成分。

11. 索引

对数据进行排列，帮助加快检索数据。

（二）软件项目计划报告

定期把有关项目进展情况的信息反馈给管理人员是极端重要的。应该报告的信息通常包括：在这段时间内已经完成的工作；下阶段计划要完成的工作；问题范围；到目前为止已经用掉的成本；项目预算执行情况及其他有关的信息。没有这些信息，管理人员就失去了对项目的控制，也不能及时修正成本估计和进度计划。

为项目制订计划时，应该确立一系列“里程碑”。在每个“里程碑”处，开发人员都应该把正式的进展报告提交给管理人员。如果不能毫不含糊地判断是否已经到达计划中确定的“里程碑”，那么这样的“里程碑”就是毫无意义的。应该使一个“里程碑”代表项目开发过程中一个独特阶段的顶峰。好的“里程碑”的特点通常是完成了某个文档，如完成了总体设计或正式提出了测试计划等。相反，像完成了 80% 编码工作这样的“里程碑”描述是不好的，因为很难准确断定什么时候完成了 80% 的编码工作。不应该把每个项目活动都确定为“里程碑”，否则开发小组用于准备报告的时间可能超过他们用于系统开发的时间。在用甘特图表示进度计划时，可以在图上注明项目的“里程碑”，大体上应该每隔两三周出现一个“里程碑”。

项目报告的另一种做法是建立月报制度，即每隔一月定期向管理人员报告一次项目进展情况（通常使用固定格式的月报表）。

（三）编写《软件项目计划书》

项目组成立的第一件事是编写《软件项目计划书》，在计划书中描述开发日程安排、资源需求、项目管理等各项情况的大体内容。计划书主要向公司各相关人员发放，使他们大体了解该软件项目的情况。对于计划书中的每项内容，都应有相应具体实施手册，这些手册是供项目组相关成员使用的。

（四）软件项目计划的制定过程

软件项目计划是一个软件项目进入系统实施的启动阶段。软件项目管理过程从项目计划活动开始，第一项计划活动就是估算：需要多长时间、需要多少工作量以及需要多少人员。此外，我们还必须估算所需要的资源（硬件及软件）和可能涉及的风险。

为了估算软件项目的工作量和完成期限，需要预测软件规模。度量软件规模的常用方法有直接的方法——代码行（LOC）和间接的方法——功能点（FP）。这两种方法各有优缺点，应该根据软件项目的特点选择适用的软件规模度量方法。

根据项目的规模可以估算出完成项目所需的工作量，我们可以使用一种或多种技术进行估算，这些技术主要分为两大类：分解和经验。分解技术需要划分出主要的软件功能，接着估算实现每一个功能所需的程序规模。经验技术是使用根据经验导出的公式来预测工作量和时间，可以使用自动工具来实现某一特定的经验模型。

精确的项目估算一般会用到上述技术中的两种。通过比较和协调使用不同技术导出的估算值，可以得到更精确的估算。软件项目估算永远不会是一门精确的科学，但将良好的历史数据与系统化的技术结合起来能够提高估算的精确度。

当对软件项目给予较高期望时，一般都会进行风险分析。在标识、分析和管理风险上花费的时间、人力可以从多个方面得到回报：更加平稳的项目进展过程；更高的跟踪和控制项目的能力；由于在问题发生之前已经做了周密计划而产生的信心。

对于一个项目管理者，他的目标是定义所有的项目任务，识别出关键任务，跟踪关键任务的进展情况，以保证能够及时发现拖延进度的情况。为此，项目管理者必须制定一个足够详细的进度表，以便监督项目进度并控制整个项目。

常用的制订进度计划的工具主要有甘特图和工程网络图。甘特图具有直观简明、容易学习、容易绘制等优点，但是，它不能明显地表示各项任务彼此间的依赖关系，也不能明显地表示关键路径和关键任务，进度计划中的关键部分不明确。因此，在管理大型软件项目时，仅用甘特图是不够的，不仅难于做出既节省资源又保证进度的计划，而且还容易发生差错。

工程网络图不仅能描绘任务分解情况及每项作业的开始时间和结束时间，而且还能清楚地表示各个作业彼此间的依赖关系。从工程网络图中容易识别关键路径和关键任务。因此，工程网络图是制订进度计划的强有力的工具。通常，联合使用甘特图和工程网络这两种工具来制订和管理进度计划，能够使它们互相补充、取长补短。

进度安排是软件项目计划的首要任务，而项目计划则是软件项目管理的首要组成部分。与估算方法和风险分析相结合，进度安排将为项目管理者建立起一张计划图。

二、软件项目管理

（一）软件项目管理内容

软件项目管理的提出是在 20 世纪 70 年代中期的美国，当时美国国防部专门研究了软件开发不能按时提交、预算超支和质量达不到用户要求的原因，结果发现 70% 的项目是因为管理不善引起的，而非技术原因。于是，软件开发者逐渐重视软件开发中的各项管理。到了 20 世纪 90 年代中期，软件研发项目管理不善的问题仍然存在。据美国软件工程实施现状的调查，软件研发的情况仍然很难预测，大约只有10%的项目能够在预定的费用和进度下交付。1995年，据统计，美国共取消了810亿美元的商业软件项目，其中31%的项目未做完就被取消，53%的软件项目进度通常要延长50%的时间，只有9%的软件项目能够及时交付并且费用也控制在预算之内。

软件项目管理是为了使软件项目能够按照预定的成本、进度、质量顺利完成，而对成本人员、进度、质量、风险等进行分析和管理的活动。

软件项目管理的内容主要包括如下几方面：人员的组织与管理、软件度量、软件项目计划、风险管理、软件质量保证、软件过程能力评估、软件配置管理等。

软件项目管理的根本目的是让软件项目尤其是大型项目的整个软件生命周期（从分析设计、编码到测试、维护全过程）都能在管理者的控制之下，以预定成本按期、按质完成软件交付供用户使用。而研究软件项目管理是为了从已有的成功或失败的案例中总结出能够指导今后开发的通用原则、方法，同时避免前人的失误。

软件项目管理和其他的项目管理相比有特殊性。首先，软件是纯知识产品，其开发进度和质量很难估计与度量，生产效率也难以预测和保证；其次，软件系统的复杂性导致开发过程中各种风险难以预见和控制。例如，Windows操作系统有1 500万行以上的代码，同时有数千个程序员在进行开发，项目经理有上百个。这样庞大的系统如果没有很好的管理方式，其软件质量是难以想象的。

（二）软件项目管理组织模式

软件项目可以是一个单独的开发项目，也可以与产品项目组成一个完整的软件产品项目。如果是订单开发，则成立软件项目组即可；如果是产品开发，需成立软件项目组和产品项目组（负责市场调研和销售），组成软件产品项目组。公司实行项目管理时，要成立项目管理委员会，项目管理委员会下设项目管理小组、项目评审小组和软件产品项目组。

项目管理委员会是公司项目管理的最高决策机构，一般由公司总经理副总经理组成。其主要职责如下：依照项目管理相关制度管理项目；监督项目管理相关制度的执行；对项目立项、项目撤销进行决策；任命项目管理小组组长、项目评审委员会主任、项目组组长。

项目管理小组对项目管理委员会负责，一般由公司管理人员组成。其主要职责如下：草拟项目管理的各项制度；组织项目阶段评审；保存项目过程中的相关文件和数据；为优化项目管理提出建议。

项目评审小组对项目管理委员会负责，可下设开发评审小组和产品评审小组，一般由公司技术专家和市场专家组成。其主要职责如下：对项目可行性报告进行评审；对市场计划和阶段报告进行评审；对开发计划和阶段报告进行评审；项目结束时，对项目总结报告进行评审。

软件产品项目组对项目管理委员会负责，可下设软件项目组和产品项目组。软件项目组和产品项目组分别设开发经理与产品经理。成员一般由公司技术人员和市场人员构成。其主要职责是：根据项目管理委员会的安排，具体负责项目的软件开发和市场调研及销售工作。

（三）软件项目管理类型

1. 被动式项目管理

被动式项目管理是从技术小组的开发方式延续而来的一种项目管理方式。在技术小组中，一直沿用的一种方式是以技术最好的人作为技术带头人。如在技术小组中担任组长的人员，这个组长要对软件开发主要负责。在实际的开发项目中，这些技术带头人都是“英雄”。在项目中的工作方式是不断地解决不断出现的问题，他们的行为常被比喻为不断地在救火。当项目的规模和复杂度不很大的情况下，这种方式似乎也能在项目中获得成功。但我们说这样一个项目的成败与否是维系在个人的能力上的。

在项目的规模和复杂度都有了很大幅度的增长之后，为了使解决业务问题能更快速，必然要引入更多的人员参与软件开发。这时出现的是项目团队的概念，在这样的前提下，过去那种按照技术的优劣来确定项目负责人的方式显然不能适合现今的项目管理的需要。因为在项目管理中，工作内容的重点是通过各种管理手段来保障项目组的成员能够协同工作，最终能够达到在质量符合要求的前提下，在规定的期限内、在预算范围之内完成项目。这需要的是管理行为，而单纯的技术行为是无法解决这个问题的。因此，被动式的项目管理严格来讲不是项目管理，这样的项目经理也实际上是有名无实的。因此，在需要项目管理的今天，对项目经理的选择和培养也要进行必要的调整。项目管理中最为重要的是要变被动为主动。

2. 主动式项目管理

项目管理的被动与主动之分，主要区别在应对风险的方法上。在被动式的项目管理中是尽量储备强大的技术后盾来等待风险的爆发。一旦有风险爆发，则主要依赖技术力量来解决，所以非常依赖技术人员的技术能力。但在当前的项目中，风险因素越来越多，很多并不是单纯的技术问题，因此这种项目管理自然不能应对。主动式的项目管理是建立在对项目所必须进行的必要的活动，同时要分析这些活动中哪些会出现一些什么样的风险。在列举出风险的基础上对风险进行排序并对主要风险准备防范计划，风险防范的相关行为也会在项目开发行为中，这种方式的项目管理，采取的是对项目风险主动进攻的方式，主动式的项目管理才是真正意义上的项目管理。

（四）软件项目管理原则

1. 计划原则

软件项目计划是为管理工作提供合理的基础和可行的工作计划，从而保证软件项目顺利完成。

2. Brooks 原则

向一个已经滞后的项目添加人员，可能会使项目更加滞后，因为加入新成员，要进行相关培训、熟悉工作环境等，人员之间的沟通路径增加。很多项目管理者并没有注意到这一点，认为人多力量大，当项目完不成时，就再增加人员，最终导致恶性循环。

3. “80–20” 原则

20% 的工作耗费了 80% 的时间，或者 20% 的人担当了 80% 的项目工作，考虑到开发人员能力的多样性，不应采取任务均分的做法，而采用互补结构更稳定。

4. 默认无效原则

项目成员理解并赞成项目的范围、目标和策略吗？项目开发人员沉默说明并非完全赞成管理人员的意见，人们或多或少会陷入这样的思维误区。沉默在很大程度上说明项目开发人员尚未弄清项目的范围、任务等。管理人员仍需要和开发人员沟通，使得大家对项目有一致的理解。

5. 帕金森原则

帕金森是组织机构臃肿、人员膨胀、人浮于事、效率低下的代名词，在软件开发中，如果没有严格的时间限制，开发人员往往比较懈怠。机构臃肿也可能是管理幅度过宽，一个人的管理幅宽有限，如果一个项目需要过多人员参与，就要分成若干个组，项目经理管理若干个组长，适当分权与分责来提高效率。

6. 时间分配原则

在实际工作中，开发人员的时间利用率达到 80% 已经非常不错了。如果组织合理，则开发所需要的时间为原计划的 1.2 ~ 1.5 倍；如果组织不合理，则所需时间更长。管理人员在制订计划、分配工作时，应考虑这些因素。

7. 验收标准原则

不求质量则往往凭经验草率了事，追求完美则要耗费太多的精力，但软件项目开发常常以验收标准为原则。作为项目经理，应制定好每个任务的验收标准，才能严格把好质量关。

8. 变化原则

软件技术发展迅速，只有变化、创新，才能有活力。

9. 工程标准原则

软件工程标准会给软件工作带来许多好处，如提高软件的可靠性、可维护性、可移植性，提高软件生产率等，有利于减少差错和误解，有利于软件管理，有利于减少开发周期等。

10. 组织变革原则

从实践来看，增加复用力度、完善复用体系、实施组织变革是解决工期、成本、质量等因素的有效途径。复用能提高项目的生产率，也能降低项目风险；精简管理机构、改善开发人员沟通效率、营造良好的开发环境，是从根本上解决项目开发中各种棘手问题的另一有效途径。

（五）软件项目管理的“里程碑”

项目的考核与评审是软件项目管理流程控制的基础，在整个流程中设定五个基线，即确定五个“里程碑”，分别是 TM1——立项完成；TM2——合同签订；TM3——产品功能定义完成；TM4——软件开发完成；TM5——验收通过。各阶段主要的进入条件和相应的工作结果是“里程碑”是否达到的重要标志。

典型环境下各个开发阶段需要人力的百分比大致如下。

①可行性研究：5%。

②需求分析：10%。

③设计：25%。

④编码和单元测试：20%。

⑤综合测试：40%。

当然，应该针对每个开发工程的具体特点，并且参照以往的经验尽可能准确地估计每个阶段实际需要使用的人力。

第四节　软件项目管理的流程设计

一、软件项目管理流程分析

软件项目管理总体流程设计为项目搜寻、项目立项、项目售前、合同生成和合同执行等5个主要阶段，分别以P1、P2、P3、P4、P5表示；同时设计了立项完成、合同签订、功能定义、软件开发、项目验收等5个“里程碑”，分别以TM1、TM2、TM3、TM4、TM5表示。

（一）项目搜寻

项目搜寻是项目立项的基础，项目搜寻阶段的主要任务包括市场信息收集、用户需求跟踪、对潜在的项目进行分析和筛选。

（二）项目立项

立项阶段的主要任务是确认立项的理由，提出立项建议，提供合适的资金和资源，使立项建议成为正式项目。

（三）项目售前

售前阶段从项目立项开始到项目合同的签订结束，主要工作有：制订与客户的交流计划；详细了解客户的背景资料；了解客户启动项目的缘由、目的和期望；编制项目方案建议书；准备合同蓝本。

（四）合同生成

合同生成阶段的主要工作有：项目方案的评估与确定；技术合同、商务合同的商定、评估与签署。

（五）合同执行

合同执行是软件项目管理流程的重点，可分为软件开发、测试与执行、内部验收、项目验收、系统维护等五个基本工作过程。

1. 软件开发

软件开发阶段分为：需求调研、系统分析、系统设计、编码、单元测试等过程，主要从以下三个方面进行管理。

制订项目计划：软件项目计划是一个用来协调所有其他计划，以指导项目执行和控制的可操作文件，它体现了对客户需求的理解，是开展项目活动的基础，也是软件项目跟踪与监控的依据。

确定开发过程：根据软件项目和项目组的实际情况，建立起一个稳定可控的软件开发过程模型，并按照该过程来进行软件开发。

加强过程控制：过程控制主要包括过程管理、变更控制和配置管理。

2. 测试与执行

项目测试的目的是检查系统是否符合项目合同与任务书规定的要求。项目测试分集成测试和系统测试，主要进行功能测试、健壮性测试、性能测试、安全性测试、压力测试、可靠性测试、安装 / 反安装测试等。测试过程在模拟运行环境中进行。

3. 内部验收

项目完成集成测试和系统测试后进行项目内部验收，主要有以下三个步骤。

①文档准备：项目经理提交内部验收计划、项目开发总结报告、产品发布清单；财务主管提交项目财务预算报告。

②内部验收测试：内部验收测试的测试内容与方法虽然与系统测试基本相同，但应站在用户验收的角度进行，因为它是试运行的基础，通过这一步，为用户验收做充分的准备。

③内部评审：对提交的所有文档及测试结果进行内部评审，完成项目开发总结报告。

4. 项目验收

试运行与用户验收阶段的主要任务是，使所有的工作产品得到用户的确认，主要工作包含以下几方面。

验收前的准备：项目经理负责检查产品的完整性，包括文档、介质和中间产品等，以确保现场实施的成功；负责应用软件的现场安装调试，完成安装调试总结报告；负责制订用户验收计划，并得到客户的确认。

用户进行验收测试和系统试运行，进行文档和系统的移交。

用户确认：项目经理负责与客户协调，协助用户进行项目验收，形成用户验收报告。

5. 系统维护

软件系统的维护分为两大类。一类是纠错性维护，由于前期的测试不可能暴露软件系统中所有潜在的和隐含的错误，诊断和改正这些错误的过程为纠错性维护。另一类是完善性维护，在软件正常使用过程中，用户还会不断地提出新的需求，为了满足用户新的需求而增加软件功能的活动称为完善性维护。如果需求变更很大，完善性维护将转变为软件新版本的开发。系统维护的宗旨就是提高客户对软件产品的满意度。确保系统的正常运行是系统维护的根本目的。

软件项目管理流程如图 8-3 所示。

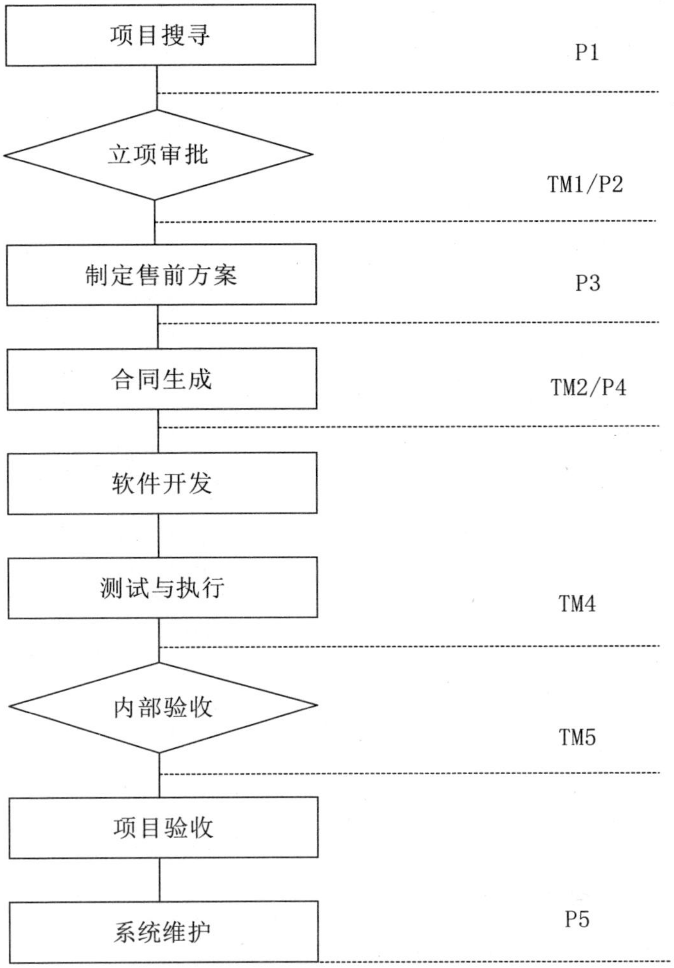

图 8–3　软件项目管理流程

二、软件项目管理流程的作用

在软件项目开发管理过程中，不仅要努力实现项目的范围、时间、成本和质量等目标，还必须协调整个项目过程，以满足项目参与者及其他利益相关者的需要和期望。随着软件规模和所涉及的领域不断扩大，软件项目的管理越来越困难。纵观所有失败的软件项目，基本原因都是不能管理其软件过程，在无纪律的、混乱的项目状态下，组织不可能从较好的方法和工具中获益。严谨的软件过程控制与管理不仅可以在每个阶段回顾和纠正项目的偏差，识别软件项目的风险甚至果断中止项目，而且可以将人才流动所带来的不利影响减到最小。要进行有效的过程控制，必须明确软件项目管理流程。

参考文献

[1] 吕云翔，张岩，李朝宁. 计算机导论与实践 [M]. 北京：清华大学出版社，2013.

[2] 张玉洁，孟祥武，徐塞虹. 计算机软件技术及应用 [M]. 北京：机械工业出版社，2016.

[3] 刘光金，韩高，吴蓓. 计算机技术与物联网 [M]. 北京：光明日报出版社，2017.

[4] 朱扬清，罗平. 计算机技术及创新案例 [M]. 北京：中国铁道出版社，2015.

[5] 曾峰. 计算机软件技术的开发与应用 [J]. 电子技术与软件工程，2017（21）：45.

[6] 张涵桐. 计算机软件技术在大数据时代的应用 [J]. 电子技术与软件工程，2017（21）：52.

[7] 周军，吴珅珅. 计算机软件技术开发与运用研究 [J]. 黑龙江科学，2017，8（20）：148-149.

[8] 张琨. 新时期软件技术的开发与应用 [J]. 计算机产品与流通，2017（10）：44.

[9] 张红华. 计算机软件开发中存在的问题探讨 [J]. 电脑知识与技术，2017，13（29）：231-232.

[10] 郁小辉. 计算机软件开发设计的难点和对策研究 [J]. 数字通信世界，2017（8）：187.

[11] 马慧. 关于计算机软件开发相关技术的研究 [J]. 电子测试，2017（18）：115-116.

[12] 兰亚飞. 计算机软件技术的不可靠性探究 [J]. 时代农机，2017，44（7）：29.

[13] 史玉洁. 计算机软件开发技术的应用与发展探究 [J]. 数字技术与应用，2017（6）：255-256.

[14] 成洪光. 计算机软件技术不可靠的原因和对策 [J]. 电子技术与软件工程，2017（8）：50.
[15] 王亮. 计算机软件技术开发中的分层技术的探讨 [J]. 电脑知识与技术，2017，13（9）：230-231.